**세상은
수학**이다

SUGAKU NO IDENSHI
by Hiroyuki Kojima

© Hiroyuki Kojima 2003
Korean translation copyright © Henamu Publishing Co., 2008
All rights reserved

Original Japanese edition published by Nippon Jitsugyo Publishing Co., Ltd
Korean translation rights arranged with Hiroyuki Kojima
through Japan Foreign-Rights Centre/Imprima Korea Agency

이 책의 한국어판 저작권은 Japan Foreign-Rights Centre와 임프리마 에이전시를 통해 Hiroyuki Kojima와 독점 계약한 해나무 출판사에 있습니다. 저작권법에 의하여 한국 내에서 보호를 받는 저작물이므로 무단 전재와 무단 복제를 금합니다.

세상은 수학이다

현실 세계를 명쾌하게 설명해주는 탁월한 언어,
수와 수학 이야기

고지마 히로유키 지음
허명구 옮김

해나무

한국어판 서문

우리들은 언제나 '수'와 가까이 접해 있다

　일본에서 여러 차례 보도된 한국 관련 뉴스를 통해 형성된 일본 국민의 한국에 대한 이미지 중 하나는 '대학 입시 교육이 치열한 나라'입니다. 현재 일본은 저출산으로 아이들이 적어졌기 때문에, 대학 정원이 넘쳐나 공부를 하지 않아도 대학에 들어갈 수 있는 시대가 되었습니다. 그 때문에 대학생의 학력과 학습의욕 저하가 사회 문제로 대두되고 있습니다. 일본의 이런 문제만큼이나 한국처럼 치열한 입시 전쟁이 존재하는 사회에도 고유의 문제가 있으리라 생각합니다. 그것은 아마도 아이들이 '공부는 시험만을 위한 것'이라고 생각하여, 학문에 대한 소박한 호기심을 잃어버릴지도 모른다는 우려일 것입니다. 실제로 수학을 '아주 귀찮은 공식을 인내하며 외워서, 어떻게 그것을 빨리 정확하게 실행할 수 있는가를 경쟁하는 게임'으로 오해하는 학생이 많을 것입니다. 그런 학생은 아쉽게도 시험이 끝나면 수학 공부를 힘들었던 과거로만 생각하여 공부한 내용을 망각의 저편에 묻어 버릴지도 모릅니다. 하지만 사실 수학은 일상생활이나 사고양식에서 떼려야 뗄 수 없을 만큼 인간에게 밀착된 학문입니다.

'수' 라는 것을 생각해 봅시다. 우리들은 철이 들 무렵부터 이미 수를 알고 있고, 수를 조작합니다. 그것은 우리들의 머릿속에 수의 개념이 이미 자리 잡고 있다는 의미입니다. 이후 학교의 교과과정에서 학년이 올라갈수록, 우리가 배워야 하는 수는 정수, 분수, 무리수, 복소수 등으로 점점 진화를 거듭해 갑니다. 이런 수의 세분화는 점차 수학의 난이도를 높여 학생들의 기를 죽이는 원인이 될지도 모릅니다. 하지만 그렇게 생각하기보다는 다음과 같이 생각하는 것이 타당하지 않을까요? 수의 진화는 마치 인간의 커뮤니케이션 도구가 회화, 편지, 전화, 이메일, 문자 메시지와 같은 식으로 진화해 온 것과 비슷하다고 생각하는 것입니다. 이런 비유는 말을 전하는 매체의 기술적 진보를 나타냅니다. 인간은 태생적으로 타고난 '말을 통한' 의사소통 능력을 최대한으로 활용하기 위해, 말을 표현하는 새로운 도구들을 발전시켜 왔습니다. 이런 의사소통 도구들의 발전 이면에는 '타인과 원활하게 생각을 나누고 싶다' 는 필연적이고도 기본적인 욕구가 숨겨져 있습니다.

수의 진화도 이와 같습니다. 사실상 복잡해 보이는 수의 진화의 이면에는 인간이 태어날 때부터 갖추고 있는 수에 대한 인식을 잘

활용해서, '자연계의 움직임을 이해하고 싶다'는 인간의 욕구가 숨겨져 있는 것입니다. 한마디로 이야기해서 어려워 보이는 수학적 공식들이나 개념들이 사실은 자연을 이해하고 싶은 인간의 소박한 마음에서 발전해온 것이라는 겁니다. 수의 진화는 자연과 사회의 불확실성을 이해하고, 마이크로 세계의 물질 구성을 해명하는 데에도 도움이 됩니다. 수는 자연계와 사회를 우리들과 이어주고 있습니다. 현대의 인간들은 누구든지 항상 수에 접해 있다고 할 수 있습니다. 그렇게 생각하면, 수학이 '시험을 잘 보기 위해서 할 수 없이 배우는 것'이라는 혐오감과 오해에서 벗어날 수 있을 것이라고 생각합니다.

『세상은 수학이다』에서는 수의 진화가 암호기술의 진보에 대응하고 있다는 것도 간명하게 설명하고 있습니다. 구체적으로 말하자면, 현대의 IT 기술에 필수적인 RSA 암호와 그것을 깨는 양자 컴퓨터의 조합에 대해서도 설명하고 있습니다. 현재 인터넷 상의 다양한 정보교환과 인터넷 비즈니스에 있어서 RSA 암호는 빼놓을 수 없는 일상의 도구가 되었습니다. 이는 명백히 수의 테크놀로지에 의해 가능해진 것입니다. 이러한 주제들은 특히, IT 강국으로 널리 인식되어 있는 한국의 독자들이 커다란 흥미를 가지고 읽을 수 있을 거라고 생각합니다. 모쪼록 한국의 독자들이 이 책을 통해 수학에 대한 오해를 풀고 친근함을 가질 수 있으면 좋겠습니다.

머리말

수가 사회를 진보시킬 수 있을까?

혹시 당신에게는 수나 수학과 관련하여 상당히 괴로운 추억이 있지는 않습니까?

학교에서 분수, 무리수, 나아가 허수 따위를 풀라고 강요했을 때 마치 악몽을 꾸는 것 같은 느낌을 받지는 않았나요? "분수, 아~ 골치 아파." "무리수, 이게 도대체 뭐야?" "허수라니, 아니 있지도 않은 수를 왜 공부해?"

네. 그 기분 필자도 잘 압니다. 그런 트라우마 탓에 수와 수학에 대해 엄청 나쁜 인상을 갖게 된 불운에 대해서 진심으로 동정을 표합니다. 그래도 조금 참으세요. 어쨌든 당신은 지금 여기서 이 책을 손에 쥐고 이미 머리말을 읽고 있지 않습니까.

이것은 당신이 수와 수학에 흥미가 있다는 사실을 반증하는 것 아니겠어요? 진땀을 흘렸던 과거를 청산하고 수와 사이좋게 지내고 싶은 마음이 있는 거죠? 그래서 당신은 이 책을 손에 쥔 것입니다. 잘 하신 거예요. 당신은 길을 제대로 찾으신 겁니다!

이 책은 당신을 수와 수학의 친구로 만들어드릴 것입니다. 수는 무섭지도, 난해하지도, 쓸모없지도 않습니다. 오히려 수는 이 세계를 풍요롭고 판타스틱하게 보여주는 파노라마입니다.

예를 들어 분수를 아무리 싫어해도 당신은 카드놀이나 보험, 금융 등과 관계를 맺고 있을 겁니다. 그래서 '확률이 중요하다!'는 것을 마음속 깊은 곳에서부터 알고 계실 겁니다. 그런데 바로 그 확률에서 본질적인 역할을 하는 것, 그게 바로 분수입니다.

또 많은 분들이 학교에서 루트(길route이 아니라 무리수의 루트, 제곱근입니다)를 배웠을 때 '이게 도대체 사는 데 무슨 도움이 된다는 거야' 하면서 분개했을 것입니다. 하지만 실상 제곱근은 우리 주위에 현실로 존재하는 것으로 그것과 무관하게 산다는 것은 거의 불가능합니다. '무리수를 이해하는 것은 무리'라는 조크로 도망치려 해도 온통 무리수에 둘러싸여 살고 있는지라 도망가는 것은 불가능하다 이겁니다.

이 책은 그러한 내용을 두루 다룹니다.

'그럼 허수는 어떠냐, 그건 정말 의미 없어, 그렇지 않아?' 하는 소리가 들리네요. 하지만 너무 서두르지 마세요. 허수야말로 21세기로 접어든 시점에서, 인류 사회의 가장 중요한 도구입니다. 왜냐고요? 마이크로 세계에서 물질의 운동법칙을 관장하는 것이 바로 허수이기 때문입니다.

대강 살펴보았지만, 이처럼 수와 수학은 우리 실생활에 속속들이 들어와 있으며 사회를 진보시키면서 스스로도 계속 진화하고 있습니다.

 이 책에서는 과학의 진보나 최첨단 테크놀로지를 설명하면서 수가 어떻게 진화해왔는지에 대해서도 살펴보겠습니다. 수에 대한 이야기는 동시에 우리가 사는 세계에 대한 이야기입니다. RSA 암호, 베이즈 확률, 또는 불가사의한 카오스 이론, 양자 컴퓨터 등에 대해 소개하면서 인간과 수가 서로 얽혀 들어가는 흥미진진한 드라마를 보여드릴 생각입니다. 그래서 이 책을 읽고 당신이 '수는 즐거워!', '수학은 굉장하잖아'라고 생각할 수 있게 된다면 정말 기쁘겠습니다.

차례

한국어판 서문 5

머리말 수가 사회를 진보시킬 수 있을까? 9

1장 인간의 손가락에서 시작된 장대한 이야기 15

1 십진법의 주술 17
2 ET는 팔진법을 사용한다? 22
3 컴퓨터와 '악마의 두뇌' 26
4 소수는 수의 보석 31
5 소수와 컴퓨터 36
6 에도 시대의 나이 맞히기 퀴즈 43
7 수리 암호의 시대 48
8 RSA 암호의 구조 53

2장 분수에서 시작되는 불확실성과의 싸움 이야기 61

1 분수가 어렵다고? 63
2 분수의 덧셈은 어째서 복잡한가 68
3 호제법으로 최대공약수를 구한다 73
4 0.4를 이진수로 나타낼 수 있을까? 77
5 불확실성을 푸는 열쇠는 '분수=비율' 81
6 확률이 미시세계의 신비를 파헤친다 86
7 뉴스캐스터의 패러독스 98
8 '화성에 생물이 살고 있을 확률'은 거의 100퍼센트다? 107
9 도박사 메레와 천재 파스칼의 만남 115
10 조건부 확률은 주관적이다 120
11 베이즈 목사가 생각해 낸 역확률 126

3장 무리수에서 시작되는 풍요로운 현실 세계의 이야기 137

1 제곱근에 숨은 아름다움 139
2 끈과 컵으로 시계를 만드는 제곱근 145
3 최적의 저축액과 제곱근 150
4 걸어도 걸어도 앞으로 나아가지 못하는 취객 153
5 난문 '제타'의 계산에 도전한 오일러 159
6 오일러의 수와 이자 계산 164
7 미팅의 성공 확률이 궁금하다면? 169
8 말발굽에 차여 죽은 병사의 이야기 176
9 오차 속에 숨은 기똥찬 함수 이야기 180
10 주가는 브라운 운동을 한다? 186
11 〈쥬라기 공원〉에서 발견할 수 있는 카오스 이론 191
12 마이마이 모기의 번식 메커니즘 200
13 두 개의 얼굴을 가진 카오스 이론 206
14 카오스를 관장하는 무리수 214

4장 허수에서 시작되는 미시세계의 불가사의한 이야기 225

1 허수는 수학의 격투 시대에 태어났다 227
2 현실에는 픽션이 필요하다 235
3 복소수는 회전 확대한다 241
4 방정식을 풀면 정다각형이 그려진다? 248
5 역사에 남을 가우스의 대발견 253
6 페르마의 대정리가 낳은 수의 이상향 259
7 미시세계 물질의 신기한 행동 264
8 마이크로 세계의 확률은 복소수로 기술된다 276
9 꿈의 기술, 양자 컴퓨터 287
10 양자 컴퓨터는 RSA 암호를 해독한다 293

부록 이 책에 등장하는 수학사에 이름을 남긴 인물들 302

찾아보기 309

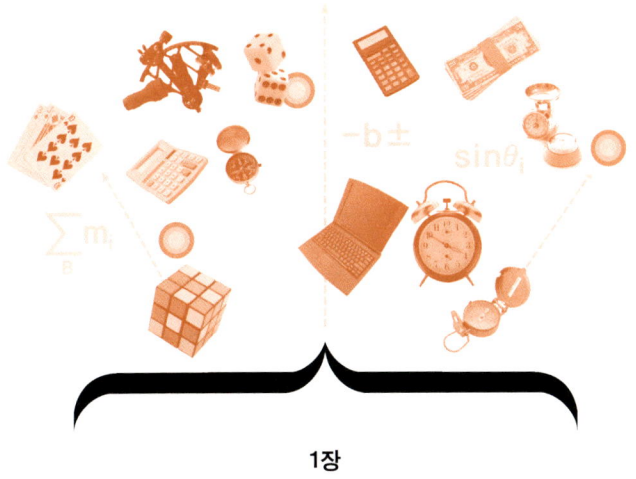

1장

인간의 손가락에서 시작된 장대한 이야기

현대사회에서 컴퓨터가 없는 삶은 상상하기도 어렵다. 이런 컴퓨터 기술의 바탕을 이루는 것이 자연수의 표기 방법 중 하나인 이진법이다. 한편 자연수 중에서 특히 중요한 것은 '소수(prime number)'라는 이름의 수인데 아직 우리 인간은 소수의 성격을 일부밖에 알지 못하고 있는 상태이다. 소수를 완전히 제패하는 것은 모든 수학자의 꿈이라고 해도 가히 틀린 말은 아니다. 그런데 소수에 대한 수학자들의 몇 가지 접근 방식, 예를 들어 페르마 소수나 메르센 소수는 신기하게도 이진법의 관점에서 보면 이해하기가 아주 쉽다. 1장에서는 기수법과 소수를 통해서 자연수의 성질을 파악해 보고 그것이 어떻게 현대의 일상생활을 특징짓는 RSA 암호로까지 이어지는지에 대해서 알아보겠다.

1. 십진법의 주술

금융업계에서 자주 경험하는 '십진법의 벽'

사람들이 십진법을 쓰게 된 이유는, 사람이 열 손가락으로 수를 세었기 때문이라는 게 정설이다. 역사적으로 볼 때 세계 어느 지역에서나 기본적으로 십진법을 사용했다는 것도 그 증거다. 그러나 사람들이 발명한 그 십진법에 스스로 묶여버리는 일이 종종 생기니 참 재미있는 일이다.

주식거래나 외환거래에서 사용하는 '십진법의 벽'이라는 말도 그중 하나다. 주가가 계속 내려가다가 이상하게도 1만 엔에 다가가면 하락이 둔화되는 일이 많다. 혹은 엔고(円高)가 진행되다가도 1달러 환율 100엔을 돌파할 듯한 단계가 되면 갑자기 엔을 사는 사람이나 달러를 파는 사람이 적어져서 더이상 엔화 가치가 올라가지 않는 일도 자주 볼 수 있다.

그러나 1만 엔이라는 주가나 100엔이라는 달러의 가격에 뭔가 특별한 경제적 의미가 있는 것은 아니다. 1만 30엔과 1만 엔 사이에 뭐 특별한 차이가 있는 것도 아니다. 그런데도 이와 같은 현상이 일어나는 이유는 시장 참가자 대부분이 1만 엔이라는 숫자와 그 자릿수를 의식하기 때문이다. 시장의 가격은 시장 참가자의 심리적 요인에 따라 좌우된다. 이것을 보면 시장 참가자는 자신도 모르게 십진법의 단위를 기준으로 매매전략을 생각함을 알 수 있다.

그렇게 생각하면 '세기말 현상'이 생기는 이유도 십진법을 주범으로 볼 수 있지 않을까? 19세기가 끝나는 몇 년간은 암울한 세상이었다고 한다. 20세기가 끝날 때에도 Y2K 문제로 컴퓨터가 오작동하여 전 세계가 금융위기에 빠질 것이라는 등 세상이 시끌벅적하지 않았던가. 이것도 사람들이 '세기'라는 십진법에 따른 연도 구분을 의식해서 생긴 일일 것이다. 그러나 숫자를 나타내는 방법은 십진법만 있는 것이 아니다.

앞에서 '세계 모든 지역에서 기본적으로 십진법을 사용하고 있다'고 했지만 실은 사람들이 십진법만 사용하는 것은 아니다. 시계에는 12진법과 60진법이 함께 쓰인다. 동양에서는 12간지가 12진법이라면 서양에서 단위로 쓰는 다스나 야드가 12진법이다. 또 각도의 크기를 표시하는 방식은 360진법이다. 인류는 십진법을 기본으로 사용하면서도 경우에 따라 다양한 진법을 적절하게 쓰고 있다.

이들 다양한 진법은 그 자체로 지역이나 역사나 문화를 상징하는 것으로서 인류의 생활에 윤기를 더해준다. 그러한 의미에서 '단위'

역시 실생활에서 매우 중요한 역할을 하고 있다. 예를 들면 미터법이 세계를 지배하기 전 동양에서는 척관법*을, 서양에서는 야드-파운드법을 썼다. 이러한 독특한 단위들은 사람의 신체나 생활환경에 기원을 둔 것으로 그 지역의 문화와 밀접한 관계가 있었다. 그러므로 미터법을 채택하면서 이들 단위를 폐지한 것은 문화의 다양성이라는 면에서는 아쉬운 일이라고 하겠다.

단위가 서로 다른 데서 연유한 재미있는 에피소드가 있다. 1992년 10월 2일 『아사히 신문』에 다음과 같은 제목의 기사가 실렸다.

"화성 탐사기 실패…… 미터냐 야드냐 그것이 중요했다."

이것은 미국의 화성 탐사기가 화성 궤도 돌입에 실패한 원인을 추적한 기사였다. 탐사기를 제어하는 두 팀 가운데 한쪽은 미터법, 다른 한쪽은 야드-파운드법을 사용하여 계산했는데, 이들이 서로 다른 단위를 일치시키지 않은 채 컴퓨터에 수치를 입력한 결과, 제어할 때 큰 문제가 일어났다는 것이다. 단위의 다양성은 인류의 생활을 윤택하고 풍요롭게 하기도 하지만 이와 같이 엉뚱한 문제도 일으키니 조심해야 할 일이다.

---

* 척관법(尺貫法), 또는 척근법. 길이의 단위를 자·척, 무게의 단위를 근·관, 양의 단위를 되·승, 면적의 단위를 평·보로 재는 도량형 제도. 고대 중국의 도량형 제도를 기원으로 한 것으로 한국을 비롯한 동남아시아 각국에서 널리 사용하였다. 척은 손을 펴서 물건에 대고 길이를 재는 모양의 상형문자로 손의 폭을 기준으로 한 단위이며, 관은 중국 동전을 꿴 무게에서 연유한 것이다.

재미로 풀어보는 단위와 진법

계산과 연관된 무용담을 두 가지만 소개하겠다. 먼저 20세기 인도의 수학자 라마누잔에 관한 에피소드다. 라마누잔이 입원한 병원에 선배 수학자 하디가 문병을 왔다. 하디가 "타고 온 택시 번호는 1729라는 아무런 특징도 없는 재미없는 숫자였다"고 말하자 라마누잔은 곧바로 이렇게 대답했다고 한다.

"모르는 말 마세요. 아주 흥미로운 수인걸요. 1729는 10의 세제곱과 9의 세제곱의 합일 뿐만 아니라 ☐의 세제곱과 ☐의 세제곱의 합이기도 해요. 이 수는 두 개의 세제곱수의 합으로 표시할 수 있는 수 가운데 가장 작은 수라구요."

자, 여기서 라마누잔은 '무엇의 세제곱과 무엇의 세제곱의 합'이라고 말한 것일까?

다음 문제는 노벨상을 받은 미국의 물리학자 파인만의 에피소드에서 출제하겠다.

파인만은 브라질의 한 레스토랑에서 주판을 아주 잘하는 일본인과 누가 빨리 계산하는지 시합하였다. 덧셈과 곱셈에서는 파인만이 졌다. 그러나 나눗셈에서는 비겼고 세제곱근에서는 파인만이 압승했다. 그때 낸 문제는 주판의 달인이 머리에 떠오르는 대로 무심코 말한 수였는데, 1729.03이었다. 파인만은 세제곱할 때 이 수가 되는 수(근삿값)를 ☐.002라고 순식간에 답했다.

이 ☐에 들어갈 정수는 뭘까?

문제의 답

어쩌면 라마누잔이나 파인만이 계산의 달인인 것처럼 보이지만 사실은 그렇지 않다. 그렇지 않다는 것은 파인만도 자신의 책에 밝힌 바 있다. 야드-파운드법에 통달한 서양인에게는 1피트가 12인치라는 것은 상식이다. 그래서 파인만도 부피를 계산할 때 1세제곱피트가 $12 \times 12 \times 12 = 1728$(세제곱인치)이라는 것을 암기하고 있었던 것이다. 따라서 주판의 달인이 낸 문제의 수가 어쩌다가 1729.03이었던 것은 파인만에게는 행운 중의 행운이었다. 그것은 12의 세제곱인 1728에서 겨우 조금밖에 어긋나 있지 않은 수였기 때문이다. 파인만은 제곱의 이론을 사용하여 12.002라고 그 자리에서 답할 수 있었다.

라마누잔이 문제를 푼 원리도 마찬가지다. $10 \times 10 \times 10 = 1000$과 $9 \times 9 \times 9 = 729$는, 수학 교사라면 누구라도 암기하고 있는 사실이다. 거기에다가 12의 세제곱은 1728이라는 것을 암기하고 있었다면 1729가 12의 세제곱과 1의 세제곱의 합이라는 것은 순식간에 알 수 있다. 인도에서는 구구단을 20×20까지 암기시킨다고 하니 그럴듯한 추리 아닌가.

2. ET는 팔진법을 사용한다?

ET의 손가락으로 계산한다면?

 기수법의 원리는 이 책의 메인 디시(주요리)인 RSA 암호, 카오스, 양자 컴퓨터를 이해하는 열쇠이기도 하다. 그래서 조금 지루한 감이 있더라도 기수법을 설명하고 넘어가야겠다. 독자의 마음을 달래기 위해 걸작 SF영화의 도움을 빌려 이야기를 시작하겠다.
 스티븐 스필버그의 영화 〈ET〉는 1982년 온 세상 사람들의 심금을 울렸다. 〈ET〉는 다른 별에서 온 외계인 ET와 지구인 사이의 마음의 교류를 그린, 그때까지는 없었던 소재의 영화였다. 필자도 몇 번이나 그 영화를 보고 눈물을 흘렸다. 핼러윈에 밖으로 끌려나오는 에피소드, 자전거를 타고 탈출을 시도하는 마지막 장면…… 정말 멋진 판타지였다.
 그런데 외계인 ET는 몇 진법을 사용했을까? ET는 한 팔에 네 개씩 모두 여덟 개의 손가락이 있었으니까 팔진법을 사용했을 것이다. 예를 들어 ET가 좋아하는 초코볼의 개수를 셀 때는 이렇게 할 것이다. 초코볼 한 개를 셀 때마다 손가락을 하나씩 꼽는다. 여덟 손가락을 다 꼽은 다음에는 엄마 ET에게 손가락을 하나 꼽으라고 하고는 자기 손가락은 모두 편 뒤 계속 이어서 센다. ET가 여덟 개의 손가락을 다 꼽을 때마다 엄마 ET의 손가락을 하나씩 꼽아가며, 엄마 ET의 손가락도 여덟 개 전부를 꼽으면 이번에는 아빠 ET의 손가락을 하나 꼽고 엄마 ET는 손가락을 모두 편다.

자, 초코볼 모두를 다 세면 아빠 ET, 엄마 ET, 아이 ET 순서로 꼽은 손가락의 개수를 종이에 쓴다. 이렇게 하면 초코볼의 모든 개수가 나온다. 한 명의 ET가 손가락을 꼽은 개수는 0에서 7까지 여덟 종류이므로 기호는 여덟 종류만 있으면 된다(여덟 개를 다 꼽아야 할 상황에서는 다른 사람의 손가락을 하나 꼽게 하고 내 손가락은 모두 펴므로 0에서 7까지라고 이야기하는 것이다). 물론 외계인 ET이므로 지구에서는 사용하지 않는 다른 기호를 사용하여 수를 표기하겠지만 편의상 ET도 0에서 7까지의 아라비아 숫자를 이용한다고 생각해보자.

ET가 초코볼의 개수를 254라고 썼다면(물론 이것은 십진법이 아니다) ET가 센 초코볼의 개수는 총 몇 개일까. 254라는 기록은 셈을 다 했을 때 아빠 ET 손가락을 두 번, 엄마 ET 손가락을 다섯 번, 아이 ET 손가락을 네 번 꼽았다는 것을 의미한다. 엄마 ET의 손가락 한 개는 아이 ET의 손가락 여덟 개분에 해당되고, 아빠 ET의 손가락

한 개는 엄마 ET의 손가락 여덟 개분, 혹은 아이 ET의 손가락 $8 \times 8 = 64$개분과 같다. 그러므로 이 254라는 기록은 지구의 수(십진법)로 고치면 $2 \times 64 + 5 \times 8 + 4 = 172$, 즉 초코볼은 십진법으로는 172개였다는 것을 알 수 있다. 8진법과 십진법 사이의 혼란을 막기 위해 팔진법은 끝에 작게 (8)로 표시하기로 한다. 즉 $254_{(8)} = 172$가 되는 것이다.

재미로 풀어보는 팔진법

지구에 혼자 떨어진 ET는 동포들에게 자기가 지금 어디에 있는지 알리기 위해 지구의 1년 동안의 날짜 수, 즉 자전주기와 공전주기의 비를 알리기로 했다. 1년은 365일인데, 그것을 ET의 8진법으로 고치면 어떤 수가 될까?

문제의 답

ET가 365라는 수를 셀 때 마지막으로 꼽은 손가락의 상태가 어떠한지를 알려면 먼저 아이 ET, 그 다음 엄마 ET, 그 다음 아빠 ET 순서로 손가락 상태를 알아보는 것이 요령이다.

우선 아이 ET는 꼽은 손가락이 여덟 개가 될 때마다 손가락을 다시 펴므로, 365를 8로 나누었을 때, 몫이 되는 45는 손가락을 다시 편 횟수가 되고, 그 나머지인 5가 마지막 순간에 접혀 있는 손가락 수가 된다. 따라서 아이 ET는 마지막에 다섯 개의 손가락을 꺾고 있다.

365 ÷ 8 = 45······ 나머지 5

다음으로 아이 ET가 손가락을 펼 때마다 엄마 ET는 손가락을 하나씩 꼽아야 하니까, 엄마 ET는 총 45개의 손가락을 꼽아야 한다. 그런데 엄마 ET도 꼽은 손가락이 8이 될 때마다 손가락을 다시 펼치게 되므로 45를 8로 나눈 몫 5회만큼 손가락을 폈고 그 나머지인 다섯 손가락을 마지막 순간에 꼽고 있을 것이다.

45 ÷ 8 = 5······ 나머지 5

마지막으로 아빠 ET는 엄마 ET가 손가락을 펼 때마다 손가락을 하나씩 꼽았을 것이므로 아빠 ET가 마지막에 꼽고 있는 손가락 수 역시 다섯이 된다. 위와 같이 해서 ET가 기록할 지구의 1년의 날짜는 $555_{(8)}$가 된다. 우연이라고는 하나 지구의 365일이 555라는 가지런한 숫자로 표현되니까 멋있다.

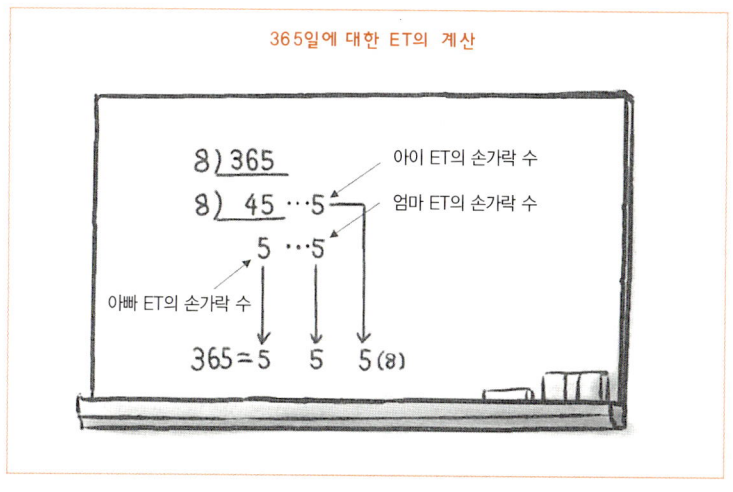

3. 컴퓨터와 '악마의 두뇌'

원자폭탄을 개발하기 위해 생겨난 컴퓨터

 십진법, 60진법, 7진법(요일), 8진법…… 이런 여러 진법들 중에서 특별한 지위에 있는 것은 이진법이다. 이진법은 수를 표시하는 데 필요한 기호가 두 종류밖에 없다. 0과 1이라는 두 숫자만으로 모든 수를 나타내는 게 이진법이다. 팔진법을 설명하기 위해 ET의 손가락을 빌려왔지만, 이진법에는 도라에몽*을 초대할까 한다. 도라에몽은 손가락이 없으므로 팔을 올리고 내리는 방식으로 수를 센다. 십진법의 수를 이진법으로 표시해보면 다음과 같다.

 $1 \to 1_{(2)}$, $2 \to 10_{(2)}$, $3 \to 11_{(2)}$, $4 \to 100_{(2)}$, $5 \to 101_{(2)}$, $6 \to 110_{(2)}$, $7 \to 111_{(2)}$, $8 \to 1000_{(2)}$, $9 \to 1001_{(2)}$, $10 \to 1010_{(2)}$……

이진법은 17세기의 수학자 라이프니츠가 처음으로 사용하였다. 이진법의 편리함은 무엇보다도 계산이 간단하다는 데 있다. 예를 들면 이진법의 덧셈은 다음과 같이 네 종류만 기억하고 있으면 된다.

$0_{(2)} + 0_{(2)} = 0_{(2)}, \ 0_{(2)} + 1_{(2)} = 1_{(2)}, \ 1_{(2)} + 0_{(2)} = 1_{(2)}, \ 1_{(2)} + 1_{(2)} = 10_{(2)}$ …… ①

곱셈도 또한 다음과 같이 네 가지만 기억하고 있으면 어떤 자릿수의 계산도 다 할 수 있다.

$0_{(2)} \times 0_{(2)} = 0_{(2)}, \ 0_{(2)} \times 1_{(2)} = 0_{(2)}, \ 1_{(2)} \times 0_{(2)} = 0_{(2)}, \ 1_{(2)} \times 1_{(2)} = 1_{(2)}$ …… ②

이진법의 편리함은 20세기가 되면서 각광받았다. 이를 배경으로 컴퓨터를 발명했기 때문이다. 자동으로 계산을 해주는 기계의 발명은 인류의 꿈이었다. 이 꿈을 실현시킨 장본인이 전기기술의 발전과 이진법이다. 전기는 ON과 OFF 두 가지로 상태를 표현한다. 이를 1과 0에 대응하면 전기를 이용하여 이진법으로 모든 숫자를 표현할 수 있다. 더구나 계산 규칙은 각 자리마다 ①과 ②를 여덟 개만 넣어두면 된다. 이렇다면 그렇게 복잡한 구조는 필요 없다.

＊일본 만화의 주인공으로, 22세기에서 온 고양이 모양의 로봇.

　이 사실에 주목한 천재 요한 루트비히 폰 노이만이 세계에서 처음으로 컴퓨터를 만들어냈다. 오늘날 모든 컴퓨터는 '노이만 형(形)'으로 불리는데 그건 바로 모든 컴퓨터가 노이만의 기본 구상을 따라 만들어졌기 때문이다. 노이만은 그 밖에도 여러 가지 과학적 업적을 남겼다. 머리가 너무 좋아 '악마의 두뇌'라는 별명이 붙을 정도였다. 그러나 노이만이 컴퓨터를 발명한 경위에는 역사의 비극도 관련되어 있는 점을 잊어서는 안 된다.

　제2차 세계대전이 한창일 때 히틀러 치하의 독일은 원자폭탄 개발에 착수했다. 그 정보를 입수한 아인슈타인은 루스벨트 대통령에게 미국이 먼저 원자폭탄을 개발해야 한다고 권고했고, 그것을 승낙한 대통령은 맨해튼 계획에 착수했다. 이 계획에 노이만이 참가했다. 개발 도중 핵분열에 관해 계산해야 했는데, 손으로는 도저히 전황에 맞춰 계산할 수가 없었다. 그래서 노이만은 자동적으로 계산을 해주는 기계를 개발하자고 생각하고, 그 악마의 두뇌로 드디어 컴퓨터를 만들어냈다. 그리고 그 결과 히로시마와 나가사키에 역사적 비극이 일어났다.

그후 노이만의 계산 기계, 즉 컴퓨터는 급속한 진화를 거듭하여 오늘날 실생활에서 빼놓을 수 없는 존재가 되었다.

재미로 풀어보는 이진법

ET는 팔진법을, 도라에몽은 이진법을 사용한다. 그런데 ET와 도라에몽이 서로 정보를 교환하려면 이진법과 팔진법을 서로 변환할

2진법 ↔ 8진법의 변환

2진법　　$\underline{1\ 0\ 1}\ \underline{1\ 1\ 0}\ \underline{0\ 1\ 0}_{(2)}$

⇓

10진법　$1\times2^8+0\times2^7+1\times2^6+1\times2^5+1\times2^4+0\times2^3$
$+0\times2^2+1\times2^1+0\times2^0$

⇓

$(1\times2^2+0\times2^1+1)\times2^6+(1\times2^2+1\times2^1+0)\times2^3$
$+(0\times2^2+1\times2^1+0)$

⇓

$\qquad\qquad\qquad$ B〔110$_{(2)}$를 10진법으로 고친 것〕

$(1\times2^2+0\times2^1+1)\times8^2+(1\times2^2+1\times2^1+0)\times8^1$
$\qquad\qquad\qquad\qquad+(0\times2^2+1\times2^1+0)$
A〔101$_{(2)}$를 10진법으로 고친 것〕
$\qquad\qquad\qquad$ C〔010$_{(2)}$를 10진법으로 고친 것〕

⇓

8진법 $ABC_{(8)}=562_{(8)}$

필요가 있다. 일단 십진법으로 고친 다음 팔진법으로 고치는 게 귀찮다고? 그럴 것 없이, 더 간편하고 신선한 방법을 써보자.

예를 들어 이진법의 수 '101110010$_{(2)}$'을 팔진법으로 고쳐보자. 우선 101110010$_{(2)}$을 오른쪽 끝에서부터 세 자리씩 콤마로 나누어 간다. 다음으로 이렇게 세 자리씩으로 묶인 이진수를 각각 십진수로 고쳐가는 것이다.

101$_{(2)}$→5, 110$_{(2)}$→6, 010$_{(2)}$→2

그리고 이렇게 고쳐놓은 숫자를 그대로 늘어놓으면 팔진법 표현이 된다. 즉 562$_{(8)}$가 구해지는 것이다. 이렇게 간단하게 계산할 수 있는 이 원리는 뭘까?

문제의 답

그것은 $8=2^3$이 이진법 단위의 수라는 성질을 이용하는 것이다. 실제로 컴퓨터에서 표시는 십육진법, 기억과 계산은 이진법을 사용한다. 그리고 십육진법과 이진법을 오가는 데 위의 원리가 이용된다($16=2^4$).

4. 소수는 수의 보석

아직 완벽한 규칙이 발견되지 않은 소수

수는 고대부터 인류에게 흥미로운 대상이었다. 말을 그 기능에서 떼어내 미적인 것으로 다루는 사람이 시인이라면, 수를 그 기능에서 떼어내 감추어진 미를 추구하는 사람이 수학자였다.

수라고 하면 일단은 정수를 가리키지만 그중에서도 수학자들이 특별히 관심을 가진 것은 '소수'였다. 소수는 1과 자기 자신, 이 두 가지 이외의 약수를 갖지 않는 자연수를 말한다. 모든 자연수는 1을 약수로 갖는다. 1은 모든 자연수의 약수인 특별한 수다. 또한 모든 수는 자기 자신으로 나눠지므로, 자기 자신은 항상 자기 자신의 약수다. 이 자명한 약수 이외의 수로는 절대 나누어질 수 없는 수, 그것이 바로 소수다. 예를 들어 7은 자명한 약수 1과 7을 갖고 있지만 그 밖의 약수를 갖지 않기 때문에 소수다. 그리고 15는 자명한

300까지의 소수표

2	3	5	7	11
13	17	19	23	29
31	37	41	43	47
53	59	61	67	71
73	79	83	89	97

100까지 25개

101	103	107	109	113
127	131	137	139	149
151	157	163	167	173
179	181	191	193	197
199				

200까지 21개

211	223	227	229	233
239	241	251	257	263
269	271	277	281	283
293				

300까지 16개

약수 1과 15 이외에도 3 또는 5를 약수로 갖고 있기 때문에 소수가 아니다.

 소수를 작은 순서대로 열거해보자. 2, 3, 5, 7, 11, 13, 17, 19, 23, 29, 31, 37…… 왼쪽의 소수표를 보자. 언뜻 보아도 굉장히 불규칙하다. 그도 그럴 것이 소수에 대해서는 수학자들이 2000년이 넘도록 씨름을 했음에도 아직 아무런 규칙을 발견하지 못했기 때문이다. 물론 완벽하지는 못하나마 막연한 성질 정도는 발견한 것이 있다. 예를 들면 소수는 수가 커질수록 출현 빈도가 줄어든다는 점이다.

 구체적으로 말하자면 1에서 100까지의 수 사이에는 소수가 25개, 즉 25퍼센트나 존재하지만, 1에서 1억 사이에는 576만 1455개로 소수가 6퍼센트밖에 되지 않는다. 조사하는 범위를 넓히면 그에 따라 존재하는 소수의 비율은 계속 줄어든다. 더불어 19세기 수학자들은 그 비율이 조사대상 수의 개수의 '자릿수에서 1을 뺀 수'에 반비례한다는 사실을 밝혀냈다.

 예를 들어 100(100은 3자릿수)까지의 수를 보면 '자릿수에서 1

을 뺀 수'는 2이다. 그리고 1억(1억은 자릿수가 9다)까지의 수를 보면 '자릿수에서 1을 뺀 수'는 8이다. 이것은 앞의 것의 네 배이니까, 소수의 비율이 (자릿수 -1)에 반비례한다면 1억까지의 수에서 소수의 비율은 100까지의 수에서 소수의 비율과 비교해서 4분의 1이 되어야 한다. 그런데 25퍼센트와 6퍼센트로는 실제 그러한 비에 가깝다는 것을 알 수 있다. 1억 × 1억은 17자리니까 '자릿수에서 1을 뺀 수'는 16이다. 이것은 1억일 때의 두 배이다. 그런데 1억 × 1억까지의 수에 존재하는 소수의 비율은 3퍼센트이다. 1억까지의 소수 비율보다 반이 줄었다.

이처럼 소수의 비율은 계속해서 줄어든다. 그러면 언젠가는 없어지는가 하면 그렇지 않다. '소수는 언제까지라도 없어지지 않는다'는 사실도 알려져 있다. 즉 소수는 무한하다. 소수가 무한하다는 사실은 이미 기원전에 증명되었다. 그것은 수학자의 명석한 두뇌, 즉 인류의 훌륭한 지성을 보여준 빼어난 증명 가운데 하나다.

미항공우주국 나사(NASA)는 지구 밖에 존

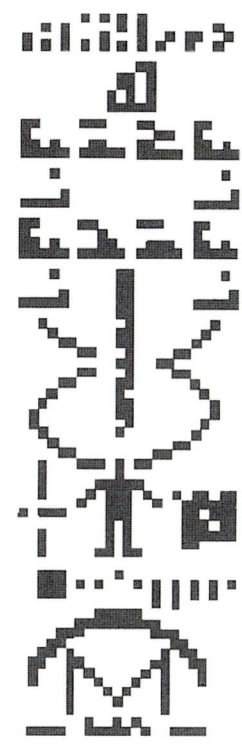

아레시보(Arecibo) 전파관측소에서 온 메시지

1974년 푸에르토리코에 있는 아레시보전파관측소에서 M13성단을 향해 발신된 메시지. 1679(23X73)이라는, 소수의 적(積)에 의한 펄스 신호로 구성되어 있다. 이 메시지에는 이진법에 의한 1부터 10까지의 십진법 숫자와 DNA의 이중나선구조, 태양계의 정보 등이 담겨 있다.

재하는 지성체(知性體)에 인류의 존재를 알리기 위해 우주를 향해 전파를 발신하거나 정해진 목적지 없이 로켓을 발사하기도 한다. 그때 발신자인 인류가 지성이 있음을 나타내기 위해 소수로 된 펄스를 발신하거나 소수를 나타낸 그림을 벽에 그려둔다. 발달한 지성체라면 소수에 흥미가 있을 것이며 소수의 법칙을 익히 알고 있을 것이 틀림없다는 기대에서다.

재미로 풀어보는 소수

1로만 이루어져 있는 수를 '반복단위수(反復單位數)'라고 한다. 1, 11, 111, 1111…… 등이다. 반복단위수면서 소수인 수는 얼마나 될까? 11은 소수다. 111은 소수처럼 보이지만 3×37이므로 소수가 아니다. 1111도 11×101이므로 소수가 아니다.

그럼 반복단위수 중에서 11 다음의 소수는 1을 몇 개 열거한 수일까? 이것은 매우 어려운 문제며 하나하나 소수인지 아닌지를 확인할 수밖에 없다. 그러나 1의 개수가 6, 8, 9, 10, 12, 14, 15, 16, 18 등인 것은 알아볼 필요도 없이 소수는 아니므로, 1의 개수가 5, 7, 11, 13, 17, 19인 수, 즉 자릿수가 소수인 것만 확인하면 된다. 왜일까.

문제의 답

1의 개수가 소수가 아닌 반복단위수는 절대로 소수가 될 수 없다. 그것을 1이 15개 열거되어 있는 $x = 111,111,111,111,111$의 예를 가지고 생각해보자.

15의 약수는 3과 5다. 그러므로 그림처럼 수 x는 1을 세 개씩 나누어놓을 수가 있다. 이것은 x가 111로 나눠진다는 것을 의미한다. 마찬가지로 1을 다섯 개씩 나누어놓는 것도 가능하기 때문에 11111로도 나눠진다. 어느 쪽으로 보든 이 x가 소수가 아님은 확실하다.

이처럼 1의 개수가 소수가 아닌 반복단위수는 소수가 될 수 없다. 따라서 1의 개수가 소수인 것만을 확인하면 된다. 그러나 1의 개수가 소수라고 해서 그 반복단위수가 반드시 소수인 것은 아니다. 예를 들어 5는 소수지만 1이 다섯 개 늘어선 11111은 41 × 271이 되어 소수가 아니다. 실제로 11의 다음에 오는 반복단위수 중에서 소수는 1이 19개 늘어선 1,111,111,111,111,111,111이 처음이다.

5. 소수와 컴퓨터

소수를 만드는 계산법과 이진수의 관계

    수가 커질수록 소수의 출현 빈도는 매우 낮아진다는 사실은 이미 말했다. 게다가 소수를 찾아낼 수 있는 어떤 법칙도 없다. 그렇기 때문에 큰 소수를 찾기는 더 어렵다. 그래서 큰 소수를 발견하는 일이 고대부터 수학자들의 큰 관심거리였다.

    17세기에 페르마와 메르센이라는 두 명의 수학자는 소수를 만드는 계산법을 연구했다. 이 두 사람 모두 이진법과 관계가 깊은 계산법을 고안해낸 것이 참 신기하다. 페르마(1601~1655)는 이진법으로 쓰면,

    $11_{(2)}$, $101_{(2)}$, $10001_{(2)}$, $100000001_{(2)}$……

로 표현되는 수를 연구했다.

    처음과 끝이 1로 되어 있고 그 사이의 숫자는 0으로 된 이진수 중

에서 자릿수에서 1을 빼면 2의 제곱수가 되는 수다. 이것들을 십진법으로 나타내면 $2^{2^n}+1$이라는 형태의 수이며 이 수에다 $n=0, 1, 2, 3……$을 대입하면 다음 그림처럼 3, 5, 17, 257……처럼 차례차례 소수가 계산되어 나온다. 이것을 보고 페르마는 "이 방법을 사용하면 자동적으로 소수를 만들어낼 수 있다"고 예상했다. 실제로 257의 다음 수인 65,537($n=4$)도 소수였다.

 그러나 아쉽게도 18세기 수학자 오일러가 이 법칙의 오류를 규명했다. 그 다음 수, 즉 $n=5$일 때에는 $2^{2^5}+1=4,294,967,297$이며 이것 역시 소수라고 믿어왔지만 $641 \times 6,700,417$로 두 개의 소수의 곱셈으로 나타낼 수 있다(소인수분해된다)는 것을 알아낸 것이다. 이것은 컴퓨터가 발달한 현대에는 전혀 대수롭지 않은 발견이겠지만 18세기에는 매우 고생스런 발견이었다. 그후 페르마의 방법으로 만든 수 중에서 소수인 것은 $n=6$ 이후 아쉽게도 하나도 발견되지 않았다.

 이러한 결과가 페르마에게는 실로 불행한 일이지만, 수학의 멋은

페르마의 소수를 만드는 방법 $2^{2^n}+1$

$n=0$이면 $2^{2^0}+1=2^1+1=3$ (소수)

$n=1$이면 $2^{2^1}+1=2^2+1=5$ (소수)

$n=2$이면 $2^{2^2}+1=2^4+1=17$ (소수)

$n=3$이면 $2^{2^3}+1=2^8+1=257$ (소수)

실패가 단순히 실패로만 끝나지 않는 데 있다. 19세기 천재 수학자 가우스가 이 '페르마 수'를 재발견한 것이다. 정말 버리는 신(神)이 있으면 줍는 신이 있는가 보다. 가우스는 그리스 시대로부터 내려온 다음의 난제를 풀기 위해 연구하고 있었다.

p를 소수라고 할 때 정p각형을 컴퍼스와 자만 사용하여 작도할 수 있다면 그것은 p가 어떠한 소수일 때인가.

$p=3$일 때 정삼각형을 컴퍼스와 자로 작도하는 방법은 중학생이면 다 배운다. $p=5$일 때 정오각형을 그리는 방법은 쉽지는 않지만 가능하다. 그럼 $p=7$이나 $p=11$일 때는 어떨까. 그리스 시대 이래 이것이 계속 문제가 되었다. 그러던 어느 날 아침 가우스는 이 문제를 푸는 방법을 찾아냈다. 컴퍼스와 자만으로 작도하려면 '소수는 소수라도 그것이 페르마 수일 때에만 가능하다'고 해명한 것이다. 즉 정오각형 다음에 작도 가능한 정p각형은 정17각형이다. 페르마도 무덤 속에서 뛰어 일어나 기뻐했을 것이 틀림없다. 상세한 이야기는 허수를 설명할 때 할 예정이니 가슴 두근거리며 읽어나가주기를 바란다.

메르센이 연구한 '반복단위수'

다음으로 메르센이 연구한 이진수로 표현된 반복단위수를 소개한다.

$11_{(2)}$, $111_{(2)}$, $1111_{(2)}$, $11111_{(2)}$, $111111_{(2)}$ ……

위의 수들은 이진법 표기로 나타낼 수 있는 수들이다. 메르센은 이것을 '메르센 수'라 하고 이러한 유형의 수 중에서 소수인 수를 '메르센 소수'라고 했다. 소수가 될 수 있는 후보자는 1의 개수가 소수인 것뿐이다. 그 이유는 앞 절에서 풀어본 문제와 같은 원리다 (이 원리는 십진법만이 아니라 이진법에서도 통용된다). 작은 순으로 쓰면 $11_{(2)} = 3$, $111_{(2)} = 7$, $11111_{(2)} = 31$ …… 등등이다.

물론 메르센의 수 가운데 1의 개수가 소수라고 하여 반드시 소수가 되는 것은 아니다. 예를 들면 열한 자리의 메르센 수인 $11111111111_{(2)} = 2047$은 23×89로 두 개의 소수로 분해된다. 그렇다면 이러한 수가 소수를 발견하는 데 무슨 도움이 되겠느냐고 생각할지 모르지만 그렇지 않다. 보통의 수는 그것이 소수인지 아닌지 알아내기가 굉장히 힘들다.

그러나 메르센의 수는 그것이 소수인지 아닌지를 알아내기가 일반적인 수보다 쉽다. 19세기 말에 루카스라는 사람이 메르센 수가 소수인지 아닌지를 비교적 간단한 절차(알고리즘)만으로 판정할 수 있는 교묘한 방법을 발견했다. 따라서 현재 발견되고 있는 최대의 소수는 모두 메르센 소수다. 1970년 이후의 발견을 정리한 것이 다음의 표이다.

이 수들이 소수인지 아닌지는 슈퍼컴퓨터를 이용해 판정한다. 그 중에는 고등학생 부부가 아버지의 계정을 이용하여 도전해서 발견한 소수도 있다. 소수에 새겨진 이 부부의 이름은 어떤 기념사진보다도 더 멋진, 영원히 남는 기념비일 것이다. "소수를 발견하는 일이 사람 사는 데 도대체 무슨 도움이 되느냐"고 문제를 제기할지 모

최근 발견된 메르센 소수표

2^n-1이 소수인 경우의 n	연도
19937	1971
21701	1978
23209	1979
44497	1979
86243	1982
110503	1988
132049	1983
216091	1985
756839	1992

르겠다. 그러나 너무 성급해서는 안 된다. 오늘날 소수는 전자 금융 거래 등에 사용되는 암호를 만드는 필수 요소가 되었다. 이것은 나중에 다시 설명하겠다.

재미로 풀어보는 메르센 소수

예로부터 수학자들이 흥미를 느껴왔던 수 중에 '완전수'가 있다. 완전수란 자기 자신을 뺀 약수의 합이 자기 자신이 되는 수다.

가장 작은 완전수는 6이다. 6의 약수 중에서 자기 자신을 뺀 수는 1, 2, 3이며 그것을 더하면 6이 된다. 기원전 그리스의 수학자가 이것을 완전수라고 불렀는데, 그 이유는 이것이 '세계'를 표현한다고 생각했기 때문인 것 같다. 1은 신, 2는 남자, 3은 여자, 이것을 합하면 세계를 나타내는 6이 된다. 즉 6은 신, 남자, 여자가 모인 수다. 그 다음 완전수는 28이다. 28의 약수는 자기 자신을 빼면 1, 2, 4, 7, 14이고 각각을 더하면 28인 자기 자신이 된다.

그러면 완전수를 어떻게 찾을 수 있을까. 수학자들은 이미 아주 효율적인 방법을 짜냈다. 우선 메르센 소수를 찾는다(예를 들면 메르센 소수 3). 그 메르센 소수에 1을 더하여 2로 나눈다〔(3 + 1) ÷ 2 = 2〕. 다음 그 수에 원래의 메르센 소수를 곱한다(2 × 3 = 6). 이것으로 완전수가 완성된다. 다음으로 메르센 소수 7을 사용한다〔(7 + 1) ÷ 2 = 4〕. 이것에 원래의 7을 곱해서 28. 이렇게 해서 제2의 완전수가 얻어진다.

그럼 문제를 내겠다. 28 다음에 오는 완전수를 구하라. 또 그것이 정말 완전수인지를 확인해보라.

문제의 답

7 다음에 오는 메르센 소수는 31이다. 따라서 같은 방법으로 완전수를 찾으면 $(31 + 1) \div 2 \times 31 = 496$이 나온다. 496에서 자기 자신을 뺀 아홉 개의 약수(1, 2, 4, 8, 16, 31, 62, 124, 248)를 모두 더하면 다음과 같이 정말 자기 자신으로 돌아온다. 정말 굉장하다!

$1 + 2 + 4 + 8 + 16 + 31 + 62 + 124 + 248 = 496$

수학자들의 연구로 짝수의 완전수는 모두 이 방법으로 구할 수 있다고 알려졌다. 홀수의 완전수는 아직 하나도 발견되지 않았는데, 그렇다고 존재하지 않는다는 것 역시 증명되지 않았다. 미해결인 채로 남아 있는 것이다.

6. 에도 시대의 나이 맞히기 퀴즈

에도 시대 초기 베스트셀러였던 수학책에 실린 문제

이 장에서는 암호 얘기를 하고 싶은데 그전에 준비운동 삼아 나머지를 계산하는 '모듈 연산'을 잠깐 살펴보자. 나머지에 관한 재미있는 문제가 에도 시대의 수학책인 『진겁기塵劫記』에 남아 있다.

내 나이는 3으로 나누면 2가 남고 5로 나누면 1이 남고 7로 나누면 6이 남는다. 나의 나이는?

어떤가. 바로 맞힐 수 있을까. 푸는 방법을 모르는 사람은 시행착오를 거쳐 답을 찾을 수밖에 없다. 그렇게 하려면 많은 시간과 노력이 든다. 그런데 푸는 방법을 알고 있으면 나머지가 아무리 많이 붙어도 단번에 답을 찾을 수 있다.

N = -35x + 21y + 15z라는 공식을 사용한다. 3으로 나눈 나머지를 x의 자리에 5로 나눈 나머지를 y의 자리에 7로 나눈 나머지를 z의 자리에 대입하여 계산하면 단번에 원래의 수를 얻을 수 있다. 이 문제로 말하자면 x=2, y=1, z=6을 대입하면 N = 41이 나온다. 실제로 41은 3으로 나누면 2가 남고 5로 나누면 1이 남고 7로 나누면 6이 남기 때문에 정답이다. 어떻게 된 것일까. 그 원리는 아주 간단하다.

식 N을 변형하여 N = x + (-36x + 21y + 15z), 즉 N = x + (3의 배수)로 바꿔보자. N에서 3의 배수를 빼면 남는 것은 x이므로 N을 3으로 나눈 나머지는 바로 x라고 할 수 있다.

마찬가지로 식 N을 변형하여 N = y + (-35x + 20y + 15z), 즉 N = y + (5의 배수)로 만들면 N을 5로 나누면 y가 남는다는 것을 알 수 있다. 또 이 식을 변형하여 N = z + (-35x + 21y + 14z), 즉 N = z + (7의 배수)로 만들면 N을 7로 나누면 z가 남는다는 것도 알 수 있다. 그런데 이 문제의 값을 바꾸어 "나의 나이는 3으로 나누면 1이 남고 5로 나누면 4가 남고 7로 나누면 5가 남는다. 자, 내 나이는?"이라고 한다면 어떨까.

N = -35x + 21y + 15z에 맞춰보면 N은 124가 된다. 124는 확실히 3으로 나누면 1이 남고 5로 나누면 4가 남고 7로 나누면 5가 남지만 124세라는 답은 좀 현실적이지 않다(에도 시대에 그 정도로 장수하는 일은 무리였을 것이다). 이때에는 105를 빼면 된다. 124 - 105 = 19이므로 19세도 정답이다. 실제로 19는 3으로 나누면 1이

남고, 5로 나누면 4가 남고, 7로 나누면 5가 남는 수다. 어째서 105를 빼도 좋은가 하면 $105 = 3 \times 5 \times 7$, 즉 105는 3의 배수이면서 5의 배수이면서 7의 배수이기 때문이다. 따라서 N에서 105를 빼도, 3으로 나눈 나머지, 5로 나눈 나머지, 7로 나눈 나머지, 어느 하나도 바뀌지 않

『진겁기』… 에도 시대 초기의 수학자 요시다 미츠요시(吉田光由, 1598~1672)가 쓴 일본 최초의 산술책으로 1627년에 초판이 발간된 후 메이지 시대 말기까지 비슷한 판이 계속 나왔다. '진겁'이란 불교용어로 지극히 긴 시간이라는 뜻이다.

는다. 이것을 '105감산(百五減算)'이라고도 한다. 1에서 105까지의 수는 3, 5, 7 각각으로 나눈 나머지가 다시 각각 얼마냐에 따라 서로 완전히 구별된다.

재미로 풀어보는 모듈 연산

예로부터 수학을 사용한 마술을 '수리마술'이라고 하여 여러 가지를 개발하였다. 그 변형판으로 점(占)을 가장하여 상대의 비밀을 드러내는 기술이 한때 유행한 적이 있다. 예로 다음과 같은 마술이 있다. 마술사는 종이와 펜을 상대에게 건네주고 질문을 한다.

"당신의 운세를 점쳐드리지요. 우선 당신이 태어난 해를 서기년도로 쓰십시오. 거기에 당신이 좋아하는 두 자릿수를 더해주세요. 더했으면 이번에는 그 네 자릿수의 각 자리에 들어 있는 숫자를 더해주세요. 다 더했으면 그 값을 원래의 네 자릿수에서 빼주세요. 자

이제 그 수에다가 당신이 지금까지 키스한 이성의 수를 더해주세요. 했나요? 그러면 다시 그 네 자릿수의 각 자리 숫자를 더해주세요. 이제 그 더한 값을 나에게 가르쳐주십시오."

'키스한 사람 수' 등등 알려주고 싶지 않은 프라이버시를 묻다가 다시 마지막에 가서 네 자릿수의 각 자리 숫자를 더해버리기 때문에 대부분의 사람은 경계를 하지 않는다. 숫자를 합한 값으로 가지고는 원래의 네 자릿수를 알 수 없다고 생각하기 때문이다. 그러나 천만에! 숫자만으로 '키스한 사람 수'를 알 수가 있다. 어떻게 알 수 있을까?

문제의 답

예를 들어 상대가 1980년에 태어났다고 하고 좋아하는 수 15를 더했다고 하자. 그러면 1995가 된다. 다음으로 이 수의 각 자리 숫자를 더하면 24가 된다. 이것을 원래의 1995에서 빼면 1971이 된다. 여기에다가 예를 들어 '키스한 사람 수'가 4명이라고 하고 그것을 더하면 1975가 나온다. 자, 이제 마지막으로 이 수의 각 자리 숫자를 더하면 22가 된다. 이것이 마술사가 전해들은 수다. 그러면 마술사는 어떻게 여기에서 키스한 사람의 수를 맞출 수 있는가. 간단하다. 22를 9로 나누고 나머지를 구하면 된다. 혹은 직접 18을 빼도 된다. 이렇게 하면 바로 4

"아무 말 않고 앉아 있다 보면 답이 딱 나온다! 키스한 사람의 수는…"

가 나온다. 저런! 마술사는 아무런 힘도 들이지 않고 '키스한 사람'의 수를 찾아낸 것이다.

이 마술의 원리는 '구거법(九去法)'이라는, 정수 9의 특별한 성질을 이용한 것이다. 구거법이란 '정수 N을 9로 나눈 나머지와 정수 N의 각 자리의 숫자를 더한 수 M을 9로 나눈 나머지는 같다'는 성질이다. 예를 들면 아까의 1995를 N이라고 하면 N의 각 자리 숫자를 더한 24가 M에 해당한다. N과 M은 모두 다 9로 나눴을 때 나머지가 6이다.

따라서 N에서 M을 빼면 반드시 9의 배수가 된다. 왜 그런가. 그 앞에서 1995에서 각 자리 숫자의 합인 24를 뺀 1971은 9의 배수였다. 이렇게 해서 만들어진 9의 배수에 '키스한 사람의 수' x를 더해서 만들어진 수이기 때문에 당연하게도 9로 나눈 나머지는 x 그 자체다(여기서는 '키스한 사람의 수'는 아홉 명 미만일 것을 전제로 하고 있다. 키스 상대가 아홉 명을 넘는 사람에게는 이 방법이 먹히지 않는다. 하지만 그 정도로 키스가 헤픈 사람이라면 아마도 이러한 복잡한 수법을 사용하지 않더라도 척보면 키스가 헤프다는 사실을 알 수 있을 것이다).

그 다음 그렇게 해서 나온 수의 각 자리 숫자를 더해도 9로 나눈 나머지는 구거법의 원리에 따라 여전히 x다. 따라서 마술사는 마지막 수를 듣고 그것을 9로 나누어 나머지를 내면(혹은 18을 빼도 대체로 같은 결과가 되지만), 비밀의 수 x를 구할 수 있다.

7. 수리 암호의 시대

특명! RSA 암호를 풀어라!

고대부터 암호는 인간 사회에서 사용된 중요한 기술이었다. 전쟁에서 암호는 없어서는 안 될 무기이기 때문이다. 이처럼 오랜 역사를 가진 암호 기술은 오늘날에 들어 그 중요성이 더해지고 있다. 제2차 세계대전 중 난공불락의 암호라고 일컬어졌던 것으로 일본군의 무라사키 암호와 독일군의 이니그마 암호가 있다. 무라사키 암호를 해독해낸 사람은 미국의 천재 프리드먼*이다. 야마모토 이소로쿠**가 탄 공격기가 격추당한 것도 암호를 해독해 비행경로가 사전에 밝혀졌기 때문이라고 한다.

---

*이 새로운 암호화 방식은 실은 1970년대 후반 디피와 헬만이 창안한 것이며 리베스트, 샤미르, 에이들먼은 그것을 실용화하는 데 성공한 것이다.
**제2차 세계대전에서 진주만 폭격을 주도한 일본 연합함대 지휘관.

한편 이니그마 암호를 해독한 것은 영국의 천재 수학자 튜링이었다. 튜링은 이니그마 암호를 해독하기 위해 특수한 계산기를 만들어냈다. 이것은 그야말로 세계 최초의 컴퓨터였지만 당시 군사기밀이어서 공표되지 않았으며, 그 덕에 폰 노이만이 최초의 컴퓨터 발명자의 자리를 차지하게 된 것은 역사의 아이러니다.

1980년대에 들어 암호화 기술의 혁명이 진행되었다. MIT(매사추세츠 공과대학)에 적을 둔 세 명의 컴퓨터공학자인 리베스트(Ronald Rivest), 샤미르(Adi Shamir), 에이들먼(Leonard Adleman)이 수리 암호라 불리는 암호화 기법을 발견한 것이다. 이것은 그들의 이니셜을 따서 RSA 암호라고 불린다.

이 암호가 획기적인 이유는 비대칭성 때문이다. 즉 암호화의 방법과 암호 해독 방법이 서로 다른 것이다. 이 비대칭성이란 게 뭔데 그렇게 중요하다는 것일까? 암호화라는 것은 일반적으로 보통의 문서를 다른 기호(암호)로 치환하는 일이다. 암호문을 받은 상대는 그 암호화 방법을 거꾸로 적용하여 암호화된 기호를 원래 문장으로 되돌릴 수 있다. 즉 암호화하는 방법과 암호를 푸는 방법이 같은 것이다. 그래서 두 사람 사이에는 암호문만 오가는 것이 아니라 암호화 방법에 대한 정보도 공유되야 한다. 문제는 그 암호화 방법을 다른 사람이 알아버리는 것이다. 이처럼 제3자에게 암호화 방식이 누설될 수 있다는 위험은 암호화 방식에 대한 정보를 주고받아야 하는 한 피할 수 없다.

그런데 RSA 암호는 이러한 위험 부담이 없다. 문장을 암호화된 기호로 바꾸는 방법과 암호화된 기호에서 원래 문장을 복원하는 방법을 전혀 다른 방식으로 처리했기 때문이다. 원래 문장을 암호화된 기호로 만들어 발신하는 사람은 암호화된 기호를 원래 문장으로 되돌리는 방법을 모른다. 따라서 암호화하는 방법이 제3자에게 누설되어도 걱정 없다. 수신자만이 복원하는 비밀방법을 알고 있기 때문이다.

이 새로운 방식에서 암호화 방법은 비밀로 할 필요가 없다. 심지어 암호 발신자만이 아니라 일반에게 공개해도 상관없다. 즉 누구라도 보통의 문장을 암호화할 수 있지만 그 암호의 해독은 수신자 단 한 사람만이 가능하다. 이것은 그야말로 기존의 암호방식을 혁명적으로 뒤집은 쾌거였다.

일상생활에서 빼놓을 수 없는 RSA 암호

이 RSA 암호의 구조는 뒤에서 설명하기로 하고 여기서는 이 암호가 일상생활에 얼마나 깊이 들어와 있는지에 대해서만 알아보도록 하자. 인터넷 등을 이용할 때, 사용자는 패스워드를 몇 개의 문자나 숫자를 조합해 만들지만 이것이 중앙 서버에 저장될 때는 바로 RSA 암호로 변환돼 저장된다. 따라서 만에 하나 해커가 침입한다고 해도 실제 패스워드는 알 수 없다. 인터넷으로 중요한 정보를 교환하거나 돈을 거래할 수 있는 이유는 이 때문이다. 그런 점에서 이 RSA

암호야말로 네트워크 사회를 가능하게 만든 중요한 기술의 하나라고 해도 과언이 아니다.

수리 암호가 일상생활과 뗄 수 없는 일부분이라는 점은, 암호를 소재로 한 영화가 많은 점을 보아도 알 수 있다. 로버트 레드퍼드 주연의 〈스니커즈 Sneakers〉라는 영화에서 한 수학자가 수리 암호를 해독할 수 있는 방식을 발견하여 암호 해독 기계를 만들었으나 괴한에게 살해당하고 해독 기계는 도난당한다. 그 도난당한 기계를 탈환하러 해커 1군이 적진으로 침입한다는 것이 줄거리다. 또 〈머큐리 Mercury Rising〉라는 영화에서는 자폐증 소년이 수리 암호로 된 암호문을 바라보는 것만으로 암호를 풀어 원래 문장을 재현하는 능력을 보인다. 이 때문에 아이는 적에게 표적이 되는데, 브루스 윌리스가 연기한 FBI 수사관이 이 아이를 보호하면서 아이와 친해져 간다는 이야기다. 이런 영화들은 RSA 암호가 현대사회에 대중적으로 깊이 파고 들어와 있는 기술임을 잘 보여주는 예다.

재미로 풀어보는 암호

이번 문제는 매우 짧고 간단하지만 아주 유명한 암호다. 문제를 보고 "뭐야 이거, 다 아는 거 아니야"라고 말할 사람이 많겠지만 암호의 기본 중의 기본을 이야기하고자 하는 것이니 이해해줬으면 한다.

스탠리 큐브릭 감독의 명작으로 〈2001: 우주 오디세이 2001: A Space Odyssey〉라는 SF영화가 있다. 이 영화에는 우주선을 조종하는 컴퓨터가 나온다. 이 컴퓨터는 소위 인공지능을 갖고 있어서 비행사와 대화도 할 수 있고 우주선이 부딪히는 여러 가지 문제를 해결하는 데도 중요한 역할을 한다. 이름은 할(HAL)이라고 하는데, 실은 이 HAL이 어떤 유명한 컴퓨터 회사의 이름을 암호화한 것이라고 한다. 어느 회사의 이름을 암호화한 것일까.

문제의 답

HAL을 구성하는 세 글자의 알파벳을 순서대로 알파벳의 다음 글자로 바꾸어보자. 그렇다. 저 유명한 컴퓨터 회사 IBM이 된다. 컴퓨터의 이름을 HAL이라고 한 것은 IBM을 생각하여 만든 것이 아니라 단지 우연일까. 알파벳 세 개를 조합하여 단어를 만드는 방법은 모두 $27 \times 27 \times 27 = 19,683$개나 있으니, 그 중에서 HAL이라는 이름을 우연히 선택할 확률은 1만 9683분의 1밖에 되지 않는다.

여담이지만 스탠리 큐브릭은 이 밖에도 많은 명작을 남겼는데, 그의 마지막 작품 〈AI〉는 스필버그와 협력한 눈물의 명작이었다. 이 작품을 보지 못하고 타계한 큐브릭의 명복을 빈다.

8. RSA 암호의 구조

RSA 암호와 연결되는 『진겁기』의 '나머지'에 대한 아이디어

그럼 이제 RSA 암호의 구조에 대해 이야기해보자. 이 암호에서는 문장을 숫자로 바꾸고 그 숫자를 또다른 숫자로 바꾼다. 그때 이용되는 것이 '모듈 연산', 즉 '나머지 계산'이다. 모듈 연산을 이해하려면 앞에서 설명한(p.45 참조) '105감산'을 기억해보라. 『진겁기』에 실린 문제는 일종의 암호로 볼 수 있다. 무슨 얘긴가 하면 원래의 나이를 그대로 보여주는 것이 아니라, 그것을 변형한 3, 5, 7 각각으로 나눈 나머지 값을(즉 변형된 형식의 정보로 바꾸어) 보여주고 있기 때문이다.

다시 말해 원래의 정보를 나머지라는 코딩으로 암호화한 것으로 볼 수 있다. 푸는 방법을 모르는 사람은 시행착오 끝에 답을 찾을 수밖에 없다. 하지만 그렇게 하면 상당히 많은 시간과 수고가 든다.

그에 비해 $N = -35x + 21y + 15z$라는 공식을 알고 있으면, 변형된 정보를 쉽게 원래 상태로 되돌릴 수 있다. 이 x, y, z 각각에 나머지 숫자를 맞춰 넣어서 계산하면 단번에 원래 숫자를 복원할 수 있기 때문이다. 나머지를 이러한 형태로 이용하면 훌륭한 암호화가 된다.

물론 앞에서 든 예는 너무 단순해서 실제로 사용할 수는 없다. 나누는 수를 3, 5, 7이 아니라 좀더 크게 하면 되지 않을까 하고 생각할지 모르지만 소용없다. 아무리 큰 수를 사용해도 컴퓨터는 그 자리에서 바로 풀어버리니까 말이다. 그러나 이 '나머지를 사용한다'고 하는 아이디어 자체는 버리기가 너무 아깝다. 이것을 어떻게든 잘 살려서 쓸 방도가 없을까? 그렇다. 이 아이디어를 적용한 것이 바로 RSA 암호다.

소수를 이용한 RSA 암호

그럼 이제 RSA 암호의 작동 구조를 설명해보겠다. 우선 거대한 소수를 두 개 찾아놓는다. 이는 메르센 소수를 이용하면 어렵지 않게 찾을 수 있다. 그 두 개의 거대한 소수를 p와 q라고 하자. 그리고 이 둘을 곱했을 때 나오는 거대한 정수를 N이라고 하자. 즉 $N = pq$이다. 나아가 두 개의 정수 r과 s의 곱인 rs를 $(p-1)(q-1)$로 나누었을 때 1이 남는 r, s를 찾아놓는다. 암호 수신자는 정수 N과 정수 r만을 상대방에게 공개한다. 이 두 수는 암호 발신자뿐만 아니라 일반에게 공개해도 상관없다. 그리고 p와 q와 s는 비밀로 해둔다. 이것으로 준비 완료다.

암호 발신자는 암호화하고 싶은 문장을 모두가 알고 있는 자연스런 방식의 숫자로 고친다. 그 숫자를 x라고 하자. x도 거대한 정수다. 다음으로 x를 r제곱한 다음 그것을 다시 N으로 나눈 나머지를 구한다. 그것을 y라고 하자. 이 y가 암호화된 문장이다. 암호 발신자는 y를 암호 수신자에게 보낸다.

암호 y를 수신 받은 사람은 어떻게 이것을 원래 x로 되돌릴 수 있을까? 그 방법은 실로 간단하다. 비밀 정수 s로 y를 s제곱하여 N으로 나눈 나머지를 구하면 원래의 수 x로 되돌아간다. 이 내용을 그림으로 이해해보자.

이것으로는 추상적이어서 상이 잘 잡히지 않을 것이므로, 구체적인 예를 들겠다. 물론 큰 수로 예를 들면 지면이 모두 메워질 터라 작은 수를 사용하겠는데, 본래는 컴퓨터를 이용하여 거대한 수로 암호문을 만든다.

두 개의 소수로서 $p=5$, $q=17$을 선택하자. 그러면 N $= 5 \times 17 = 85$가 된다. 그리고 $(p-1)(q-1)$은 $4 \times 16 = 64$이다. 이 64로 나누면 이 남는 수를 rs라고 하자. 64로 나누어 1이 남는 수 가운데서 65를 고른 뒤, $rs = 5 \times 13 = 65$라 하자. 여기서 65를 구성하는 인수가 5와 13이므로 $r=5$, $s=13$이다. 암호 수신자는 이 모든 것을 정한 다음, N $=85$와 $r=5$만을 상대(발신자)에게 공개한다. 자, 수신자에게서 암호화 코드를 받은 암호 발신자가 "t"라는 말을 암호화하여 수신자에게 보내고 싶다고 하자.

우선, 제1단계로 'a, b, c, d……'를 순서대로 '01, 02, 03, 04…'와 같이 자연스러운 정수로 바꿔놓는다(코딩한다). (저자의 해설에 따르자면 문자를 숫자로 치환하는 규칙은 발신자와 수신자 모두 알고 있어야 한다. 따라서 이 규칙을 주고받는 과정에서 제3자에게 노출될 수도 있다. 여기서는 알파벳 소문자 스물여섯 글자와 대문자 스물여섯 글자를 차례대로 01, 02, ……, 52로 치환하는 것으로 한다―옮긴이) 이렇게 하면, 문장은 바로 거대한 정수로 변환할 수 있다. 예를 들면, 't'는 정수 '20'으로 변환된다. 자, 그러면 원문은 t이고 그것을 숫자로 코딩한 x값은 20이다.

제2단계로 발신자는 코딩한 값 $x = 20$을 $r = 5$로 다섯제곱한다. 20의 다섯제곱은 3,200,000이다. 다음으로 이것을 $N = 85$로 나눈다. 그러면 나머지는 5다. 이 나머지 5가 암호화한 수 y에 해당된다. 이렇게 완성된 암호문 "5"를 수신자에게 보낸다. 이때 5라는 메시지를 받은 암호 수신자는 어떻게 이 "5"로 원래의 숫자가 20이란 것을 밝혀낼 수 있을까.

그러기 위해서는 자신만이 아는 비밀의 정수 $s = 13$을 사용하여, 5를 열세제곱한다. 그것은 1,220,703,125이다. 이것을 $N = 85$로 나눈 나머지를 구한다. 놀라지 마시라. 그렇게 하면 나머지는 원래 숫자를 딱 맞춘 20이다. 이리하여 수신자는 발신자가 보낸 암호문을 원문 "t"로 환원할 수 있는 것이다. 거대한 소수와 긴 문장을 컴퓨터를 이용해 코딩하고 거대한 숫자로 이러한 절차를 실행하는 것이 RSA 암호다.

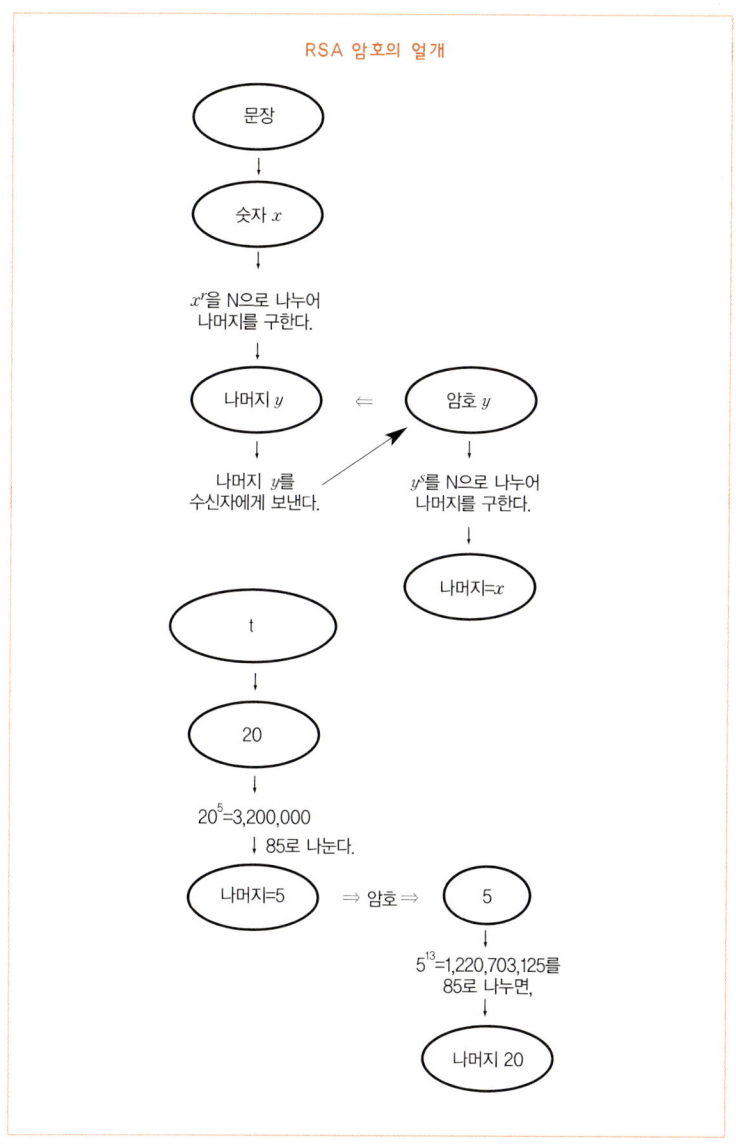

자, 그럼 제3자가 수신자가 발신자에게 발송한 암호화 코드 N=85와 r=5, 그리고 발신자가 수신자에게 보낸 암호문 y=5를 중간에 가로챘다고 하자. 그러나 제3자는 그 정보만 가지고는 원문 20=t를 알아낼 수 없다. 그 비밀은 수신자만이 알고 있는 소수 p와 q에 있다. p, q를 모르고서는 r 제곱하여 N으로 나눈 나머지가 y인 원래의 x를 구하는 실용적인 방법은 없다. 불가능할지도 모르겠지만, 어쨌든 현재까지는 발견되지 않았다. 즉 N과 r과 y만으로는 직접 x를 복원할 수 없다.

그래서 제3자가 암호문을 해독하기 위해서는 공개되어 있는 r뿐만 아니라, 그것과 짝을 이루어 암호 해독에 사용하는 s를 알아내야 한다. 그러기 위해서는 N만이 아니라 소수 p와 q를 알아야 한다. 왜냐하면 r과 s를 만드는 데 (p-1)(q-1)의 과정을 거쳤기 때문이다.

그런데 주어진 거대한 정수 N을 실용적인 시간범위 내에 pq라는 형태로 소인수분해하는 알고리즘은 지금까지는 발견되지 않았다. 앞에서도 말했지만 소수는 불규칙하다. 다시 말하여 그 소수를 만드는 법칙은 아직 발견되지 않았다. 즉 암호코드와 암호문을 입수한 제3자는 N에서 바로 소수 p와 q를 알아낼 수 없으며, 따라서 암호 해독에 필요한 비밀의 정수 s를 알아내는 것도 불가능하다.*

이처럼 RSA 암호는 누구나 암호화할 수 있어도 암호문 해독은 단 한 명밖에 할 수 없는 비대칭성이 있다. 혹은 암호화하는 코드와 암

---

*정확히 말하면, 알아낼 수 없는 것이 아니라 시행착오를 거쳐야만 하며, 현실적으로 너무 오랜 시간이 걸리기 때문에 암호를 해독해봤자 이미 암호를 해독해야 할 필요가 없어져버린 상태가 된다.

호문을 복호하는 코드가 다르다는 비대칭성이 있다고 말해도 된다. 이것이 RSA 암호의 얼개인 것이다. 즉 현대 인터넷 사회의 개인 정보를 지키고 있는 열쇠는 다름 아닌 소수(素數)의 신비로움 그 자체인 것이다.

재미로 풀어보는 RSA 암호

본문과 완전히 똑같은 수 $N=85$, $r=5$가 공개되어 있고, 암호 '2'가 보내져 왔다고 하자. 이것을 해독해보라.

문제의 답

본문에서 해설했듯이 2를 열세제곱하여 85로 나눈 나머지를 구하면 된다. 2의 열세제곱은 8192이다. 이것을 85로 나누면 나머지는 32이다. 따라서 원래 숫자는 32이 므 로 ($2^{13}=8192$, $8192÷85=96\cdots\cdots 32$) 보낸 암호 문자는 서른두 번째 알파벳인 대문자 'F'임을 알 수 있다.

a	b	c	d	e	f	g	h	i	j	10
k	l	m	n	o	p	q	r	s	t	20
u	v	w	x	y	z					26
A	B	C	D	E	F	G	H	I	J	36
K	L	M	N	O	P	Q	R	S	T	46
U	V	W	X	Y	Z					52

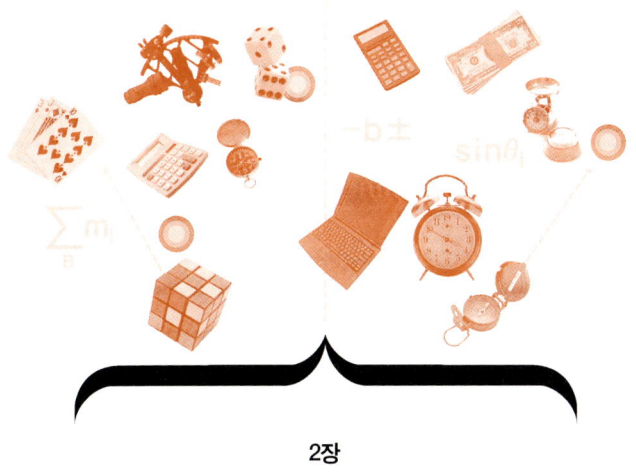

2장

분수에서 시작되는 불확실성과의 싸움 이야기

분수(유리수)는 이집트 시대에 쓰인 인류 최고(最古)의 책 『린드 파피루스』에서도 다뤄지고 있을 정도로 인류와 오랜 관계가 있다. 그리스 문명에서는 분수는 '비(ratio)'를 표현하는 것으로서 연구되었고, 이후 '유클리드의 호제법'이라는 위대한 발견으로 이어졌다. 유클리드 호제법은 컴퓨터가 활약하는 현대에 와서 오히려 더 뛰어난 알고리즘으로 재평가 받게 된다. 소인수분해와 관계가 있는 만큼 암호 기술과도 깊게 연결된다. 한편 분수는 완전히 새로운 관점인 ─ 불확실성의 제어이론 ─ , '확률'이라는 분야에서 현대사회의 중요한 테크놀로지로 기능하게 된다. 2장에서는 인류가 어떻게 분수를 이용하여 불확실한 위험에 맞섰는지, 또한 눈에 보이지 않는 마이크로 세계의 수수께끼를 풀어왔는지 등에 대해서 알아보겠다.

1. 분수가 어렵다고?

세 가지 의미가 있는 분수

어린이가 산수를 싫어하게 되는 첫 번째 걸림돌이 분수라고 한다. 대부분의 아이들은 분수를 만나기 전까지 '산수는 즐겁다'고 생각한다. 그런데 모처럼 즐거웠던 산수가 분수를 만나면서 싫어지는 것이다. 안타까운 일이다. 이 장에서는 분수는 그 안에 참으로 풍요로운 세계상을 품고 있으며, 또한 첨단 과학의 가장 중요한 밑받침이라는 사실을 보여주고자 한다. 그러니 부디 분수에 대한 사랑을 놓지 말기 바란다.

분수가 까다로운 이유는, 한마디로 말하자면 분수가 세 가지 의미를 갖고 있기 때문이다. 분수는 나눗셈을 표현한 것이다. 분수 4분의 3($\frac{3}{4}$)은 $3 \div 4$를 뜻한다. 4분의 36($\frac{36}{4}$)이라면 정수 범위에서 9라는 답을 낼 수 있으므로 $\frac{36}{4}$이라는 수를 필요로 하지 않지만 $3 \div$

4의 답은 정수가 아니기 때문에 $\frac{3}{4}$이라는 새로운 표기가 필요하다.

분수에는 또 다른 의미가 있다. 예를 들어 $\frac{3}{4}$은 4등분이라는 단위가 세 개인 양이라는 뜻이다. 또 분수는, (역시 $\frac{3}{4}$을 예로 들어 이야기하면), 3대 4(3 : 4)라는 비율, 즉 뭔가 기준이 되는 양으로 재면 한 쪽이 세 개 분량이고 다른 한 쪽이 네 개 분량이라는 '비교'를 의미하는 양이기도 하다.

일상생활에서는 이 세 가지 의미 중 어떤 한 가지의 의미로도 사용한다. $\frac{3}{4}$미터는 75센티미터라는 하나의 양이다. 이것은 첫 번째 의미로 사용된 것이다. 또 어린이가 빵을 나눌 때 4등분한 빵 중에서 그 3개분을 형이 가져갔을 때, 인생의 엄혹함을 가르쳐주는 분수 $\frac{3}{4}$은 두 번째 의미로 사용된 것이다. 마지막으로 상상도 할 수 없는 많은 인간들로 상상의 날개를 펼치게 해주는 표현, "국민 전체의 $\frac{3}{4}$이 찬성입니다"라고 할 때에는 세 번째 의미로 사용된 것이다. 분수의 세 가지 의미는 이와 같이 두루 사용할 수 있다는 점에서 편리하지만 그렇기 때문에 배우는 사람을 혼란에 빠뜨리기도 한다.

좀 벗어난 이야기이지만, 칠판에 12/24라는 날짜가 적힌 것을 보고 어떤 교사가 "어째서 너희들은 분수를 못하느냐"고 말하면서 약분하여 1/2로 해버렸다는 우스갯소리가 있다. 필자도 비슷한 경험을 한 적이 있다. 칠판에 쓰여진 분수 $\frac{55}{99}$에 대해서 학생이 한쪽 편의 5와 9를 각각 사선으로 긋고 $\frac{5}{9}$라고 약분한 것을 보고, "잘못된 약분 방법이야"라고 내가 나서서 고쳤더니 역시 $\frac{5}{9}$였던 것이다. 그 학생은 분모와 분자가 11이나 111 등의 배수일 때는 이와 같이 한쪽 숫자만을 지우면 된다는 사실을 잘 알고 있던 터라 일부러 선생님을 걸려들게 한 것 같다. 어쨌든 이 학생은 분수와 사이가 좋았던 모양이다.

재미로 풀어보는 분수 계산

지금 소개하는 내용은 예로부터 전해오는 재미있는 문제다. 한 마을에 부자가 있었는데 세 아들에게 재산을 남겼다. 유언은 다음

재산으로 남은 말은 모두 17마리이다.

과 같다.

"큰아들은 전체의 $\frac{1}{2}$을 가져라. 둘째는 전체의 $\frac{1}{3}$을 가져라. 셋째는 전체의 $\frac{1}{9}$을 가져라."

남은 재산은 말 열일곱 마리였다. 세 아들은 고민에 빠졌다. 17은 2로도, 3으로도, 9로도 나눌 수 없다. 그렇다고 해서 살아 있는 말을 둘이나 셋으로 자를 수도 없다.

생각에 생각을 거듭한 끝에 세 아들은 마을 장로에게 찾아가 고충을 털어놨다. 장로는 자기 말을 데리고 와서 이렇게 말했다.

"자, 내 말을 더해서 유언대로 나눠라."

큰아들은 열여덟 마리의 $\frac{1}{2}$인 아홉 마리를, 둘째는 $\frac{1}{3}$인 여섯 마리를, 셋째는 $\frac{1}{9}$인 두 마리를 얻었다. 그러자 한 마리의 말이 남고 장로는 그 말을 데리고 돌아갔다.

자, 이 얘기는 언뜻 보면 패러독스 같지만 실은 아주 간단한 계산 문제일 뿐이다.

문제의 답

그렇다. 애초에 유언이 좀 잘못되었다.

$$\frac{1}{2} + \frac{1}{3} + \frac{1}{9} = \frac{17}{18}$$이다.

즉 유언대로라면 다 더해도 1, 즉 전체가 되지 않는다. 장로는 유언에서 $\frac{1}{18}$이 빠져 있으므로 비례로 나누려면 한 마리가 더 있으면 된다는 것을 알아차린 것이다. 이 $\frac{1}{18}$은 처음부터 빠져 있던 것이므로 말 한 마리를 더해서 나눈다 해도 마지막에 그 한 마리가 다시 남을 수 있었다. 하지만 이 문제에서 가장 중요한 것은 세 아들이 받은 말의 수는 유언대로가 아니었다는 점이다.

정확히 계산하자면 형은 8.5마리를 물려받았어야 했는데 아홉 마리를 받았다. 이처럼 각각이 조금씩 더 받았지만 받은 유산의 비례는 유언대로 $\frac{1}{2} : \frac{1}{3} : \frac{1}{9}$이다.

2. 분수의 덧셈은 어째서 복잡한가

초등학교 때 가르치는 것은 '까다로운 덧셈'?

분수가 까다로운 이유는 계산이 까다롭기 때문이다. 예를 들어, $\frac{2}{3} + \frac{5}{7}$을 분모끼리 더해서 $3+7$을 하고, 분자끼리 더해서 $2+5$를 하여 $\frac{7}{10}$이라고 '간단한 덧셈'을 하면 얼마나 좋을까. 그러나 실제 계산은 $\frac{(2\times7)+(5\times3)}{3\times7}$이라는 '까다로운 덧셈'이다.

그런데 곱셈은 어떠한가. $\frac{2}{3} \times \frac{5}{7}$를 계산하려면 분모는 분모끼리 곱해서 3×7로 분모로 하고 분자는 분자끼리 곱해서 2×5를 분자로 하여 소박하게 그대로 $\frac{10}{21}$로 하면 된다. 곱셈에서는 이렇게 해도 좋은데 덧셈에서는 이렇게 하면 안 된다니 뭔가 곡절이 있을 법하다. 사실 이 '간단한 덧셈'은 수학이 진화하는 과정에서 그 자체로 의미 있는 계산법으로 인정받고 있기도 하다.

실제로 분수의 덧셈을 $\frac{b}{a} + \frac{d}{c} = \frac{b+d}{a+c}$라고 정의를 고쳐놓고 곱

셈은 그대로 $\frac{b}{a} \times \frac{d}{c} = \frac{b \times d}{a \times c}$라는 정의를 사용해서 이론을 전개해도 훌륭한 대수학이 성립하며, 더구나 이것이 현대 대수학의 한쪽 날개다. 그러니 이러한 계산을 하는 어린이를 보고 아무도 비웃을 수 없다.

초등학교에서 배우는 분수의 덧셈이 '까다로운 덧셈' 쪽에 있는 이유는 그것이 더 실용적이기 때문이다. 즉 일상생활에서 흔히 접하는 '양'을 계산하는 데는 그런 방식의 덧셈을 사용하기 때문이다.

예를 들어 $\frac{2}{3}$제곱킬로미터의 땅과 $\frac{3}{4}$제곱킬로미터의 땅을 더하면 면적이 어떻게 될까. 이런 것은 우리가 일상적으로 부딪치는 문제다.

이것은 '1제곱킬로미터의 토지를 3등분으로 나눈 것 중의 2개분과 4등분으로 나눈 것 중의 3개분을 더하면 어느 정도의 넓이가 되나' 하는 질문이다. 이런 문제를 풀 때에 분모끼리, 분자끼리 더하는 식의 단순한 덧셈을 하면 안 되는 까닭은 분모와 분자에는 각각 서로 다른 '고유한 의미'가 있기 때문이다.

$\frac{2}{3}$라는 분수의 분모 3은 단위량인 1제곱킬로미터를 '몇 등분' 했는지를 나타내며, 분자 2는 그 3등분한 조각을 '몇 개' 갖고 있는지를 나타낸다. 분수는 이처럼 '의미가 서로 다른 두 종류의 숫자가 모인 것'이다. 이렇게 보면 분모 3과 4를 더하는 것은 무의미하다는 사실을 알 수 있다. 3등분을 나타내는 3과 4등분을 나타내는 4를 더한다 해도 의미 있는 양을 계산할 수 없다.

그렇기 때문에 의미의 면에서 생각하면 '공통되는 양 = 단위량'

이 되기까지 좀더 세분해야 한다. 단위량으로서 1제곱킬로미터를 3 × 4 = 12등분한 것을 사용하면, 3등분의 조각과 4등분의 조각 둘 다를 공통의 기준(12등분한 조각)을 가지고 표시한 다음, 이 둘을 합하면 그 기준량(여기서는 $\frac{1}{12}$)이 '몇 개'라고 합계를 낼 수 있다. 이와 같이 생각한 덧셈의 모습은 그림을 보면 이해하기 쉬울 것이다.

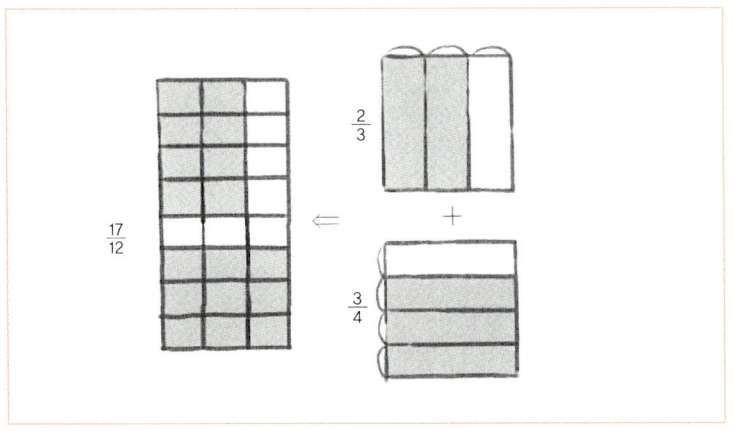

다시 말하여 분수의 덧셈이 '까다로운 덧셈'인 이유는 '자연법칙에 맞기 때문'도, '그렇게 하지 않으면 의미가 없기 때문'도 아니고 단순히 그것이 실용적이기 때문이다.

재미로 풀어보는 분수의 덧셈

분수의 '간단한 덧셈'에는 아래와 같은 재미있는 법칙이 있다.

[법칙 1] $\frac{b}{a}$와 $\frac{d}{c}$가 같을 때는 '간단한 덧셈' $\frac{(b+d)}{(a+c)}$의 결과는 $\frac{b}{a}$와 같다.

〔법칙 2〕 $\frac{b}{a}$와 $\frac{d}{c}$가 다를 때는 '간단한 덧셈' $\frac{(b+d)}{(a+c)}$의 결과는 $\frac{b}{a}$와 $\frac{d}{c}$ 사이에 있는 값이다.

자, 이 법칙이 성립하는 이유를 직감적으로 명쾌하게 설명해보라. 하나하나 계산하려 해서는 안 된다. 계산 법칙에서 얻을 것은 아무것도 없다. 이 법칙은 '일상적인 일'에 숨어 있는 '간단한 덧셈'의 현상을 찾아내기만 하면, 계산할 것도 없이 알 수 있다. 힌트는 '농도'.

문제의 답

'간단한 덧셈'이 통하는 경우의 감을 잡는 데 안성맞춤인 예가 '농도'다. 갑이 갖고 있는 식염수는 전체 양이 a그램이고 그 속에 b그램의 소금이 녹아 있다고 하자. 그러면 이 식염수의 농도는 $\frac{b}{a}$이다. 또 을이 가지고 있는 식염수 전체 양은 c그램이고 그 안에 d그램의 소금이 녹아 있다고 하자. 그러면 이 식염수의 농도는 $\frac{d}{c}$이다.

자, 그럼 갑과 을 두 명의 식염수를 혼합해보자. 그러면 농도는 어떻게 될까. 전체 양은 $a+c$이고 그 안의 소금 무게는 $b+d$다. 따라서 새로운 농도는 $\frac{b+d}{a+c}$가 된다. 이것은 실로 '간단한 덧셈' 그 자체다. 이와 같이 '간단한 덧셈'은 용액의 농도를 계산할 때는 아주 자연스럽다. 이 사실을 참고로 하여 법칙 1과 법칙 2의 이치를 해명해보자.

갑과 을이 양은 다르지만 농도가 같은 식염수를 가지고 와서 그것을 섞는다고 하자. 그때 식염수의 농도에는 전혀 변화가 없다는 것을 경험적으로 알 수 있을 것이다. 다음과 같이 법칙이 성립한다.

$$\frac{(b+d)}{(a+c)} = \frac{b}{a} \quad \cdots\cdots \text{[법칙 1]}$$

이것이 '가비(加比)의 리(理)'라고 불리는 유명한 원리다.

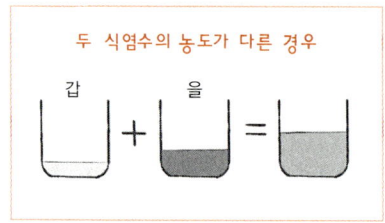

갑의 식염수보다 을의 식염수 쪽이 농도가 더 진한 경우에는 어떨까. 섞은 뒤에 갑은 식염수의 농도가 짙어졌다고 생각할 것이다. 자신이 가지고 온 식염수보다 짙은 식염수를 넣었기 때문에 당연하다. 을은 반대로 자신이 가져온 것보다 엷어졌다고 느낄 것이다. 따라서 섞은 후에 농도 $\frac{b+d}{a+c}$는 갑의 원래 농도 $\frac{b}{a}$보다는 크고 을의 $\frac{d}{c}$보다는 작아지는 것이다.

3. 호제법으로 최대공약수를 구한다

약분을 하는 것은 최대공약수를 구하는 것

우리들은 분모와 분자가 양쪽 다 큰 수로 되어 있는 분수를 약분해야 할 일이 종종 있다. 예를 들면 어떤 행사에 259명 중에 185명이 참가했는데 참가율이 대략 어느 정도인지를 알고 싶을 때가 그러하다. 이것은 분수 $\frac{185}{259}$를 약분하는 작업(간단한 분수의 형태로)과 같다.

'약분'은 185와 259의 공통 약수 d를 찾아서 그것으로 분모와 분자 양쪽을 나누는 것이다. 여기서 그룹 d 가운데 a그룹이 185명이고, b그룹이 259명이라면, 259명에 대한 185명의 비율, 즉 $\frac{185}{259}$는 $\frac{a}{b}$라고 할 수 있다. 이 경우 공통 단위 d를 가능한 한 큰 덩어리로 만들면 a나 b를 더 작게 할 수 있어서 비율을 더 쉽게 알 수 있다. 즉 d는 185와 259의 최대공약수에 해당하는 수가 더 좋다.

여기서는 바로 이 최대공약수를 구하는 편리한 방법을 설명하겠다. 이 방법은 이 책의 다른 곳에서도 종종 나온다. 자, 185와 259의 비율을 알고 싶다면, 상식적으로 생각하여 259에서 185를 몇 번이나 취할 수 있는지를 재면 된다. 259-185 = 74이므로 한 번 이상은 취할 수 없다. 그렇다고 해서 '259와 185의 비율은 대략 1대 1이다'라고 해버리면 '에이, 엉터리'라고 조롱할 것이다. 나머지 74가 남아 있으므로 1대 1은 지나친 비약이다. 조금 더 정확한 비율을 찾아보고 싶은 게 인지상정이다.

자, 이제 나머지 74가 185에 대해서는 어느 정도의 비율인지를 알아보자. 185에서 74를 취하면 몇 번이나 취할 수 있는지를 보면 된다. 185를 74로 나누면(185÷74) 몫이 2, 나머지가 37이므로 185는 74 두 개분에다가 나머지가 37이다. 또 37이라는 나머지가 있기 때문에 더욱 정확히 재려면 74를 다시 37로 나눠야 한다. 여기서 74를 37로 나누면 딱 두 개가 됨을 알 수 있다.

재미있게 되었다. 37을 d라고 하면 74는 d로 딱 나뉜다. 185도 d로 딱 잴 수 있다. 185는 74가 두 개분이고 거기에 나머지 d를 더한 것과 같으므로 185도 d로 정확하게 잴 수 있는 것이다. 똑같은 방식으로 259도 d로 정확하게 잴 수 있다. 그렇다면 결국 d는 259와 185 둘 다를 정확하게 잴 수 있는 커다란 덩어리다. 따라서 바로 이 d가 259와 185의 최대공약수다.

실제로 185와 259를 37(d)로 나누면 각각 5와 7이 나온다. 그러므로 분수 $\frac{185}{259}$는 약분되어 $\frac{5}{7}$다. 이와 같이 큰 수를 각각 작은 수로 나눈 후 나머지를 내고, 그 나머지로 또 나누어 나머지를 내고, 그런 식으로 더이상 나머지가 나오지 않고 딱 떨어질 때까지 계속하는 것을 '유클리드 호제법'이라고 한다. 호제법으로 최대공약수를 구하는 것은 간단한 알고리즘이므로 컴퓨터를 이용하면 순식간에 답을 낸다. 이것은 마지막 장에 나오는 양자 컴퓨터 얘기를 이해하려면 반드시 알고 넘어가야 한다.

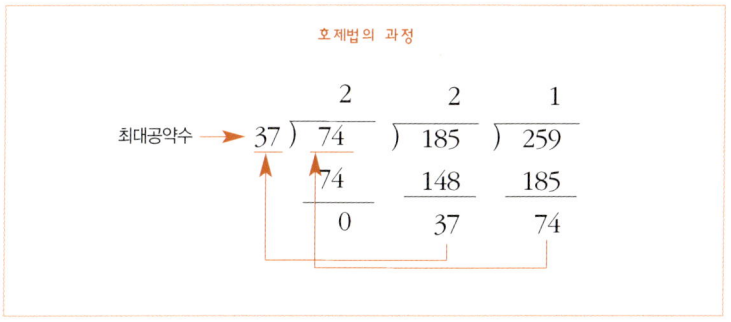

재미로 풀어보는 호제법

$\dfrac{451}{943}$ 을 호제법을 이용하여 약분해보자.

문제의 답

943을 451로 나누면(943 ÷ 451) 몫이 2이고 나머지가 41이다. 그 다음, 이 나머지 41로 451을 나누면 몫이 11이 되면서 딱 떨어진

호제법에 의한 약분

$$\begin{array}{r} 11 \\ 41 \overline{\smash{)}451} \\ 451 \\ \hline 0 \end{array} \quad \begin{array}{r} 2 \\ \overline{\smash{)}943} \\ 902 \\ \hline 41 \end{array}$$

다(451÷41=11). 따라서 41이 최대공약수며 다음과 같이 약분된다.

$$\frac{451}{943} = \frac{41 \times 11}{41 \times 23} = \frac{11}{23}$$

4. 0.4를 이진수로 나타낼 수 있을까?

십진법에서는 유한소수, 이진법에서는 무한 순환소수

1장에서는 정수를 표현할 때 우리들이 일상생활에서 사용하는 십진법 이외에도 ET가 사용하는 팔진법이나 컴퓨터가 사용하는 이진법과 같은 다른 표현방식이 있다고 말했다. 이와 같은 십진법이 아닌 진법에서도 정수는 물론 분수나 소수도 표현할 수 있다.

예를 들면 십진법의 분수 $\frac{2}{5}$는 이진법으로 표현하면 어떤 분수가 될까? 그런 것은 생각해본 적도 없다고 할 사람이 많을지도 모르지만 실은 그다지 어렵지 않다. $\frac{2}{5}$는 원래 2÷5와 같은 의미다. 이것은 '정수÷정수'라는 형식이다. 정수는 이진법으로 표현할 수 있기 때문에 이것을 그대로 이진법으로 전환하면 된다. 5를 이진법으로 표현하면 $101_{(2)}$, 2를 이진법으로 표현하면 $10_{(2)}$이다. 따라서 2÷5를 이진법으로 전환하면 $[10 \div 101]_{(2)}$라고 쓸 수 있다. 이것을 그대로 분수로 고치면 $\left[\dfrac{10}{101}\right]_{(2)}$라는 이진법 분수가 된다.

그러면 이진법의 소수란 어떠한 것일까? $\dfrac{2}{5}$를 소수로 표현하면 0.4인데 0.4를 이진법으로 표현하려면 어떻게 하면 좋을까? 이진법으로 표시한 분수를 가지고 이진법의 나눗셈을 실제로 실행하면 된다. 그 과정은 아래 그림에서 보기 바란다.

그림에서 알 수 있듯이 나눗셈을 실행한 결과는 $0.01100110……_{(2)}$라는 순환마디 0110이 반복되는 무한 순환소수다. 다시 말해 $\dfrac{2}{5}$라는 분수는 십진법으로는 0.4라는 유한소수이지만 이진법으로 고치면 $0.01100110……_{(2)}$라는 무한 순환소수가 되는 것이다.

여기에 유한과 무한의 아슬아슬한 경계가 있다. 같은 수를 십진법으로 표현하면 유한소수인데 이진법으로 표현하면 무한 순환소

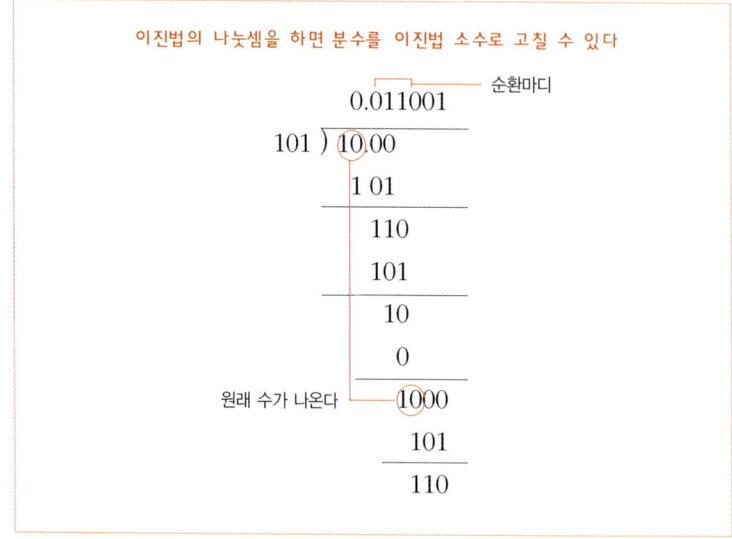

이진법의 나눗셈을 하면 분수를 이진법 소수로 고칠 수 있다

수니까 말이다. 이것은 지구상의 인간에게는 유한으로 표현할 수 있는 간단하고 평범한 수가 지구 바깥의 생명체에게는 무한으로 표현되는 까다로운 수일 수도 있다는 얘기다.

재미로 풀어보는 소수

일본을 대표하는 수학자 가토 가즈야는 어린 시절 야구팬이었다. 그래서 타율을 계산하다가 분수를 소수로 나타내면 반드시 순환소수가 된다는 사실을 발견했다고 한다. 예를 들면 7타수 1안타인 경우 소수점 아래에서 142857이라는 순환마디가 반복된다. $\frac{1}{7}$뿐만이 아니라 모든 분수가 다 그럴 것 같다고 직감했으니 천재는 야구를 보고 있어도 보는 눈이 다른가 보다. 그럼 어떻게 모든 분수가 순환소수가 된다는 걸까?

문제의 답

예를 들어 $\frac{8}{13}$이라는 분수를 놓고 생각해보자. 이것을 소수로 표현하려면 정수의 나눗셈을 실행하면서 나머지를 내는 일을 계속해 나가면 된다.

우선 80을 13으로 나누면 몫이 6이고 나머지가 2이다. 다음으로 20을 13으로 나누면 몫이 1이고 나머지가 7이다. 이러한 식으로 나누고 나머지를 내는 작업을 반복하면 언제쯤 원래로 돌아올까(반드시 원래로 돌아온다).

13으로 나눈 나머지는 0에서 12까지의 열세 가지 경우 밖에 없

다. 따라서 나누기가 13회를 넘어가기 전에 반드시 앞에 나왔던 것과 같은 나머지가 남게 된다. 같은 나머지가 나오면 거기서부터는 같은 나눗셈이 다시 시작된다. 즉 거기서부터 순환이 시작되는 것이다. 실제로 $\frac{8}{13}$에서는 여섯 번째에서 나머지가 8이 되면서 처음 시작할 때의 나눗셈으로 돌아가는 것을 볼 수 있다. 이것은 이진법이나 기타 진법으로 표기했을 때도 마찬가지다.

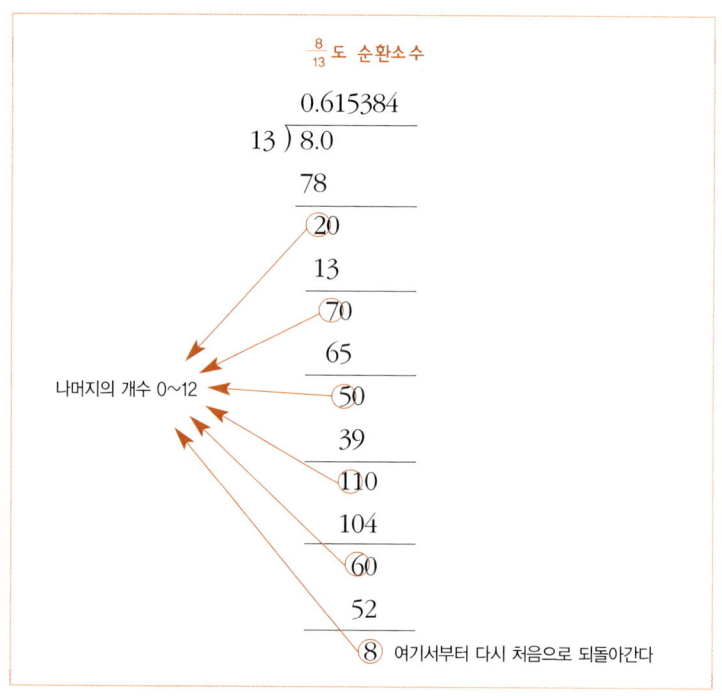

5. 불확실성을 푸는 열쇠는 '분수=비율'

확률 연구는 주사위 도박에서 시작됐다!

분수는 딱 나눠떨어지지 않는 수의 표현 형식이다. 1이라는 단위 수까지 내려온 다음에 다시 그보다 더 작은 단위를 만들려고 하면 여러 가지 어려움에 부딪친다. 예를 들면 단위 수 1미터로는 표현할 수 없는 더 미세한 양을 만났을 때 1미터를 100으로 파악하는 센티미터라는 단위를 만드는 것은 십진법의 발상이다. 그러나 센티미터 단위로도 1미터를 정확히 3등분한 양은 표시할 수 없다. 1시간을 60분으로 나누면 10등분뿐 아니라 3등분이나 4등분의 시간도 표시할 수 있다. 그러나 7등분한 시간은 딱 떨어지게 표시할 수 없다. 즉 아무리 세세한 단위 수를 만들어도 모든 등분을 다 표시할 수는 없는 것이다. 그래서 단위 수 1을 n등분한 양을 기호 $\frac{1}{n}$로 표현하는 방법, 즉 새로운 양을 만들어내는 쪽이 얘기가 빠른 것이다.

그런데 이와 같이 만들어진 '분수'가 근대에 이르러 갑자기 각광을 받게 되었다. 그것은 분수라는 것이 '불확실성'에 대처하는 수학적 도구, 즉 '확률'을 다루는 데 안성맞춤이었기 때문이다. 세상이 불확실성에 가득 차 있다는 것은 훨씬 옛날부터 다 알고 있던 사실이다. 세상과 인생이 만만치 않은 것도 다 그 때문이다. 그러나 아주 옛날 사람들은 '그 불확실성에도 수학적인 법칙이 있다'는 데까지는 생각이 미치지 않았다. 그러나 16, 17세기의 수학자들은 그것을 깨달았다. 당시는 주사위 도박이 유행했는데 전략이나 규칙을 만들 때 어느 쪽이 더 유리한지 불리한지를 판단하기 위해 도박사들이 수학자에게 조언을 구하게 되었고, 거기서 확률 연구가 시작되었다. 도박에서 시작된 수학이라, 재미있지 않은가!

'주사위를 던졌을 때 나오는 눈'의 법칙이 의미하는 것

주사위를 던졌을 때 나오는 눈을 정확히 예측하는 것은 불가능하다. 어떤 눈이 나오는지는 그야말로 '제멋대로'라고 해도 좋다. 그러나 완전히 손쓸 수 없을 정도로 제멋대로인가 하면 그렇지는 않다. 거기에도 두 가지 의미의 법칙이 있다.

첫째, 아주 많은 횟수를 던져보면 어느 눈이나 대략 균등하게 나온다. 이것은 실제 실험을 통해서도 확인할 수 있다. 즉 주사위를 던진 횟수가 n이라면 어느 눈이나 대략 $\frac{n}{6}$번만큼 나오는 것을 확인할 수 있다. 어째서 이렇게 되는 걸까. 그 이유를 생각하다가 확률 개념이 태어났다. '매번 던질 때마다 어느 눈이나 나올 가능성이 똑같기 때문'이라고 생각하는 것이다.

둘째, 이러한 사실은 주사위를 실제로 많이 던지지 않고도 충분히 추정할 수 있다. 주사위의 입체 구조가 대칭이라는 사실에서 어느 눈이나 나올 가능성이 같으리라는 것을 논리적으로 결론지을 수 있다. 이 '1회 시행할 때 일어날 수 있는 가능성'을 수치화한 것이 '확률'이다.

가능성의 전체량을 1이라고 두자. 즉 일어날 수 있는 모든 일들 하나하나가 가진 가능성을 다 더했을 때를 1이라고 해두는 것이다. 이것이 단위량이다. 주사위를 던졌을 때 나올 수 있는 눈은 모두 여섯 가지며, 어느 눈이든 나올 가능성이 똑같기 때문에 전체량 1을 6등분한 $\frac{1}{6}$이라는 양을 각 눈이 나올 가능성에 배당하는 것이다. 확률은 그래서 필연적으로 분수가 된다.

분수는 '가능성'을 표현하기에는 정말로 안성맞춤이다. '가능성'이라는 것은 전체에 대한 '비율'이면서, 또한 일상적으로 말하자면 '전체에서 차지하는 분량', '영향력의 크기'를 의미한다. 이처럼 '비율'과 '분할'을 동시에 표현할 때 분수는 그야말로 적임인 것이다.

재미로 풀어보는 확률

아래에서 예시한 각각의 추측은 타당한가, 그렇지 않은가? 그 이유를 말해보라.

(1) 당신이 구입할 한 장의 복권은 '당첨되거나' '당첨되지 않거나' 둘 중 하나이므로 '당첨될' 확률은 $\frac{1}{2}$이다.

(2) 올바른 모양의 동전을 던졌을 때 나오는 면은 '앞면'이든가 '뒷면'이든가 어느 한 쪽이기 때문에 '앞면'이 나올 확률은 $\frac{1}{2}$이다.

(3) 네스 호의 공룡은 목격자가 많지만 아직 그 존재가 증명되지 않았다. 네스 호의 공룡은 '있든지' '없든지'의 어느 한 쪽이므로 '있을' 확률은 $\frac{1}{2}$이다.

문제의 답

이 문제는 어떤 의미에서는 수학 문제라기보다 '철학' 문제에 가깝다. 즉 '불확실성'이나 '확률'의 의미는 뭔가라는 '확률 사상(思想)' 분야에 속하는 문제다. 이 문제를 둘러싸고 아직까지 격렬한 논쟁이 계속되고 있으며 더구나 확실한 결론은 아직 나와 있지 않다.

따라서 여기서 해답으로 제시하는 것도 서로 다투는 여러 확률 사상 중 대표적인 것에 따랐을 뿐이지 결코 만고불변의 확정된 '정답'은 아니라는 점을 미리 말해둔다.

(1) 1회에 발행되는 모든 복권들 한 장 한 장이 모두 당첨될 가능성이 균등하다고 생각하는 것이 타당하다. 따라서 그중 어느 한 장

의 복권에 대해 '당첨될' 가능성과 '빗나갈(다른 것이 당첨될)' 가능성이 동일하다고 생각하는 것은 타당하지 않다. 전체로 보았을 때 당첨 복권보다 빗나간 복권 쪽이 압도적으로 많기 때문이다. 그러므로 이것은 옳지 않다.

(2) 주목해야 할 말은 '올바른 모양의 동전'이라는 말이다. '올바른 모양의 동전'이란 무엇일까? 앞면과 뒷면이 전혀 차이가 없게 만들어진 동전이며, 결국 '앞면'이 나올 가능성과 '뒷면'이 나올 가능성이 같은 동전이다. 이렇게 생각하는 것이 옳다. 즉 '올바른 모양의 동전'을 그렇게 정의하면 각 면이 나올 확률은 2분의 1이라고 생각할 수 있다. 그러므로 맞는 답이다.

(3) 이 문제가 가장 논쟁의 여지가 크다. 첫째로 이 문제에 대해서는 대량으로 실험하여 데이터를 취할 수가 없다. 네스 호는 하나밖에 없고 공룡도 (분명) 한 마리밖에 없다. 그러므로 수많은 네스 호를 본 다음 그중 몇 개의 네스 호에 공룡이 있는지 등등의 데이터를 취할 수는 없다. 나아가서 논리적으로 네스 호에 공룡이 있을 가능성과 없을 가능성을 비교해봐도 아무런 결론도 찾아낼 수 없다. 따라서 어느 쪽이 우세하다고도 말할 수 없다. 그렇다면 가능성은 대등하다고 생각할 수밖에 없다. 그래서 이러한 소극적인 근거에서 이 문제의 답을 옳다고 해둔다. 단, 이 경우의 확률은 동전 던지기의 경우와 그 의미가 다르다. 수학적인 대칭성이나 데이터 등의 객관적인 뭔가가 받쳐주지 않기 때문이다. 그런 점에서 이것은 이른바 '주관적'인 추측값으로서의 확률이다.

6. 확률이 미시세계의 신비를 파헤친다

갈릴레오가 해명한 도박사들의 의문

불확실성에 대한 연구를 명시적으로 시작한 것은 중세의 이탈리아에서라고 할 수 있다. 16세기의 수학자 카르다노(Cardano, 1564~1642)는 『우연의 게임』이라는 책을 썼다. 카르다노에 대한 자세한 이야기는 4장에서 하겠다. 그리고 그 후 갈릴레오는 「주사위 놀이에 대하여」라는 논문을 썼다.

중세 이탈리아에서는 주사위 세 개를 던져서 나온 숫자의 합계를

세 개의 주사위 눈의 합이 9나 10이 되는 조합	
합이 9	(6, 2, 1) (5, 3, 1) (5, 2, 2) (4, 4, 1) (4, 3, 2) (3, 3, 3)
합이 10	(6, 3, 1) (6, 2, 2) (5, 4, 1) (5, 3, 2) (4, 4, 2) (4, 3, 3)

맞추는 도박이 유행했다. 그런데 당시 도박사들 사이에서 문제가 된 것은 눈의 합계가 9가 될 경우에 돈을 거는 게 더 유리한지 아니면 10이 될 경우에 거는 게 더 유리한지였다.

쉽게 생각하면 눈의 합이 9가 되는 경우도 여섯 가지, 10이 될 경우도 여섯 가지다. 둘 다 경우의 수가 여섯 가지이므로 어느 쪽에 걸더라도 마찬가지여야 한다. 그런데 '실제로는 10쪽이 유리하다'는 것이 도박사들의 경험이었다. 그래서 도박사들은 당시 최고의 수학자였던 갈릴레오 갈릴레이에게 찾아가 왜 그런지 물어보기로 했다.

갈릴레오는 지동설의 증거를 찾았고 또한 자유낙하의 법칙, 관성의 법칙, 상대성의 원리 등을 발견한 천재였다. 갈릴레오는 궁리와 실험 끝에 답을 찾아냈다. 도박사들의 잘못은 '세 개의 주사위를 구별하지 않은 데 있었다'는 것이다.

잠깐만 관찰해보면 (6, 2, 1)이라는 조합의 눈이 나오는 경우가 (3, 3, 3)이라는 조합의 눈이 나오는 경우보다 압도적으로 많다는 것을 알 수 있다. 이것은 누구라도 잠깐 동안만 주사위 던지기를 해보면 안다. 왜 그렇게 되는가 하는 것도 논리적으로 간단히 설명할 수 있다.

(3, 3, 3)이라는 눈이 나오려면 세 개의 주사위 모두 똑같이 3이

라는 눈이 나와야 하지만 (6, 2, 1)의 경우는 어느 주사위가 어느 눈을 내든, 결과적으로 (6, 2, 1)의 조합이 만들어지기만 하면 된다. 그래서 (6, 2, 1)이 나오는 경우는 더 많을 수밖에 없다.

 예를 들면 세 개의 주사위에 색깔을 칠해서 빨강, 파랑, 노랑으로 구분한다면 6의 눈은 빨강에서 나와도 되고, 파랑에서 나와도 되고, 노랑에서 나와도 된다.

 그럼 (3, 3, 3)에 비해서 (6, 2, 1)이 나올 가능성은 몇 배 정도나 더 높을까. 눈의 숫자를 (빨강, 파랑, 노랑)이라는 순으로 쓴다고 하면 (6, 2, 1) (6, 1, 2) (2, 6, 1) (2, 1, 6) (1, 6, 2) (1, 2, 6) 총 여섯 가지의 경우의 수가 있다. 그러므로 단 한 가지 경우의 수밖에 없는 (3, 3, 3)보다 일어날 가능성이 여섯 배나 더 높다.

 이와 같이 생각하면 앞의 표는 일어날 가능성을 제대로 비교하지 못하고 있다. 사실은 일어날 가능성이 다른 것을 같은 것처럼 비교한 셈이다. 이상을 고려하여 표를 다시 만들면 다음과 같다. 눈의 합계가 9가 되는 경우는 25가지, 합계가 10이 되는 경우는 27가지다. 따라서 합계가 10이 되는 경우가 더 일어나기 쉬운 것이다.

 각각의 확률은 $\frac{25}{216}$와 $\frac{27}{216}$이다. 둘 다 일어날 확률이 10퍼센트 이상이므로 실제 주사위를 던지면 상당히 자주 일어나는 경우라고 할 수 있다.

 이때 10이 나올 경우는 9가 나올 경우보다 겨우 $\frac{2}{216}$, 즉 1퍼센트 미만으로 차이가 난다. 이와 같이 차이가 아주 작은데도 10이 나오는 확률이 더 높다는 것을 간파했으니, 도박사들이 얼만큼 도박을

주사위의 눈의 합이 9나 10이 될 가능성	
합이 9가 될 가능성	합이 10이 될 가능성
(6, 2, 1) → 6	(6, 3, 1) → 6
(5, 3, 1) → 6	(6, 2, 2) → 3
(5, 2, 2) → 3	(5, 4, 1) → 6
(4, 4, 1) → 3	(5, 3, 2) → 6
(4, 3, 1) → 6	(4, 4, 2) → 3
(3, 3, 3) → $\frac{1}{25}$	(4, 3, 3) → $\frac{3}{27}$

했을지 상상이 간다. 나아가 그 승부에 대한 치열함에 감탄이 절로 나온다.

'완벽하게 똑같은 두 개의 것' 이란 말은 뭔가 이상하지 않은가?

자, 본론은 이제부터다. 주사위 도박에 대한 착오는 세 개의 주사위를 구별하지 않았기 때문이라고 했다. 던지는 주사위는 눈으로 봐서는 똑같더라도 물질로서는 별개의 물질인데, 그것을 제대로 구별해내지 못하는 바람에 발생 빈도를 잘못 생각한 것이다.

그러나 20세기가 되어 이 생각을 거꾸로 짚어서 전혀 새로운 세계관을 발견하게 되었다면 여러분은 어떤 생각이 드는가. 바로 위의 경험을 거꾸로 이용하여 '완전히 같은 두 가지 것'을 발견한 것이다.

　독자 여러분은 이 세상에 '완전히 같은 두 가지 것'이 존재할 수 있다고 생각하는가? 좀더 생각해보면 이 말의 논리적 모순을 알아차릴 수 있을 것이다. 완전히 같다면 그것은 동일물일 수밖에 없으므로 두 개가 있다는 것은 이상하다. 또 거꾸로 두 개가 있다고 치더라도 그것을 둘이라고 할 수 있는 것은 서로 어딘가 다르기 때문이므로 결국 둘은 동일물이라고 할 수 없지 않겠는가.

　이와 같이 '완전히 같다'는 말과 '두 개'라는 말은 논리적으로 양립할 수 없다. 맞다. 이 세상에 존재하는 두 개의 물건은 아무리 닮아 보여도 어딘가는 다르기 마련이다. 잘 관찰하면 어딘가에 차이가 있다. 아무리 똑같이 생긴 참외 두 개도 그것이 두 개인 한 그것은 서로 다른 존재다.

미시세계에서 발견한 '완벽하게 똑같은 두 개'

　그런데 이러한 생각을 뒤집는 발견이 물리학의 세계에서 일어났다. 눈에 보이지 않는 아주 작은 물질의 세계, 물질의 최소 단위인 원자의 세계에는 '완전히 똑같은 두 개의 것'이 존재한다는 것이다. 여기 두 개의 알파 입자가 있다고 치자. 알파 입자는 헬륨의 원자핵이고 양성자 두 개와 중성자 두 개로 돼 있다. 이 두 개의 알파

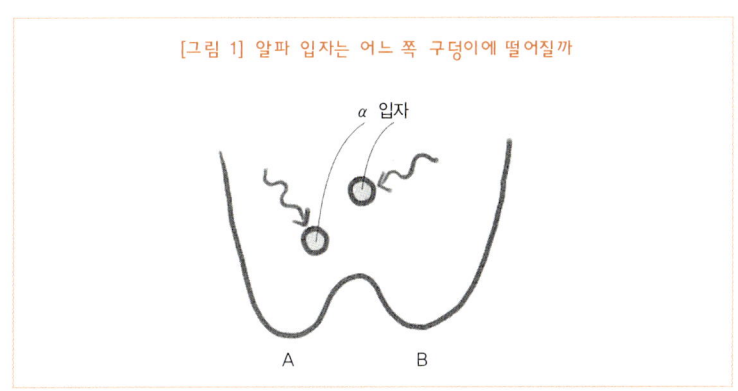

[그림 1] 알파 입자는 어느 쪽 구덩이에 떨어질까

입자야말로 주사위나 참외와는 달리 갑과 을로 이름을 붙여 구별하는 것이 절대로 불가능한, 완전히 같은 두 개의 기묘한 존재다.

정말 그런지 어떻게 알 수 있을까? 알파 입자는 현미경으로도 볼 수 없는 미세한 물질이다. 따라서 눈으로 봐서 구별한다는 것은 애초에 불가능하다. 그런데 어떻게 해서 '완전히 같다'는 결론을 내릴 수 있는가? 놀라지 마시라. 그건 바로 '확률'을 사용하여 이끌어낸 결론이다. 도대체 확률이 어떻게 그것을 알 수 있게 한단 말인가.

다음과 같은 실험을 생각해보자. 단 이것은 사고실험(즉 머릿속에서 상상으로 진행하는 실험)이며 현실의 검증 방법과는 다르다는 것을 미리 말해둔다. 실제의 검증 실험은 좀더 복잡한 설정이 필요하다. 그렇지만 사고실험으로도 사물의 본질을 파악하는 데는 부족함이 없으므로 안심해도 좋다.

[그림 1]과 같이 밑바닥 두 군데가 움푹 파인 용기가 있다고 하자. 움푹 들어간 한쪽을 A라고 하고 다른 한쪽을 B라고 하자. 이 용

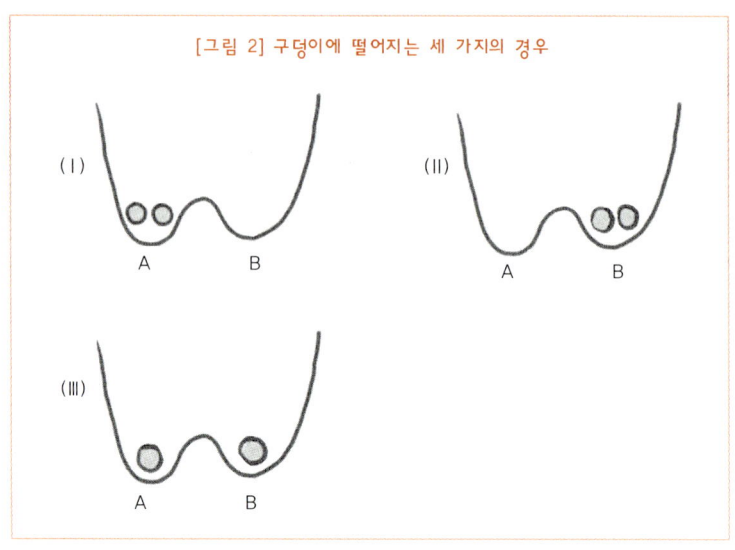

[그림 2] 구덩이에 떨어지는 세 가지의 경우

기에 알파 입자를 두 개 방사한다. 입자는 이리저리 돌아다닌 뒤 결국 A나 B의 어느 한쪽으로 떨어질 것이다. 이렇게 했을 때 관측되는 경우의 수는 다음 세 가지다.

I. A에서 두 개 다 관측되는 경우
II. B에서 두 개 다 관측되는 경우
III. A에서 한 개, B에서 한 개 관측되는 경우

그러면 이 I, II, III 각각의 경우가 일어날 확률은 어느 정도일까. 우선 논리적으로 계산해보겠다. 두 알파 입자가 서로 다르다고 하고 갑과 을이라는 서로 다른 이름을 붙이면, 갑과 을이 구덩이 A와

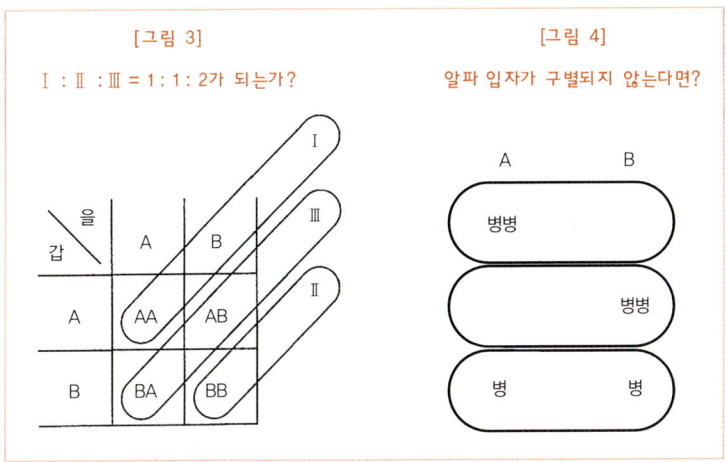

B에 떨어지는 방식은 〔그림 3〕에 나와 있듯이 네 가지가 있다. 이 네 가지의 경우가 일어날 확률은 모두 동일하다고 생각해도 좋을 것이다. 그렇다면 I, II, III이 일어날 확률은 각각 $\frac{1}{4}, \frac{1}{4}, \frac{2}{4}$가 되어 III의 경우가 다른 경우보다 두 배 더 자주 일어나는 것으로 관측될 것이다.

그런데 실험을 해보면 그렇지 않다. 여러 번 실험한 결과 I, II, III은 모두 균등한 확률로 일어난다는 것을 확인했다. 이게 도대체 어떻게 된 일일까. 〔그림 3〕의 분류는 어디가 잘못된 걸까.

자, 바로 여기서 이탈리아 도박사들이 범했던 오류를 거꾸로 생각하여 유용한 단서로 사용할 수 있다. 이탈리아 도박사들의 생각을 거꾸로 이용하면 이 수수께끼를 해명할 수 있기 때문이다.

앞에서 가정한 것과는 반대로 두 알파 입자가 '갑', '을'이라는 이름을 붙여서 구별할 수 없다고 생각해보자. 그래서 〔그림 3〕에서 갑과 을이라는 별개의 이름 대신 두 입자를 모두 '병'이라고 불러보자. 그러면 〔그림 3〕에서 설정한 네 가지 경우 중 (A B)와 (B A)는 별개의 것이 아니라 사실은 양쪽 모두 (병 병)으로 동일한 경우다.

그래서 그림을 다시 그린 것이 〔그림 4〕다. 즉 알파 입자 두 개를 갑, 을로 구별하지 않고 모두 병이라고 가정하면 세 가지 경우만 일어날 수 있음을 알 수 있다. 그렇다면 이 세 가지 경우는 일어날 확률이 균등하므로, 말할 것도 없이 I, II, III이 일어날 확률도 균등해야 한다. 그것은 실험 결과와 일치한다. 따라서 알파 입자는 '갑', '을'로 구별할 수 없으며 원리적으로 같은 것이라고 생각해야 실험 결과에서 확인된 확률을 설명할 수 있다.

이렇게 하여 도저히 있을 수 없는 일이라고 생각한 수수께끼가 해명되었다. 미시세계에서는 이렇듯 우리의 상식을 뒤집는 일이 일어난다. '전혀 구별할 수 없는, 완전히 동일한 두 개'가 존재하고 있다. 이것은 양자역학이라는 물리법칙이 지닌 커다란 신비의 하나다. 양자역학은 실은 이 책의 주요리 가운데 하나이며 마지막 장에서 멋진 피날레를 장식할 생각이니 기대하기 바란다.

재미로 풀어보는 주사위 도박

거의 비슷한 성격의 문제를 내겠다. 에도 시대에는 정반(丁半)도박이라는 것이 유행했다. 역사극 등에 자주 나오는 주사위통 돌리기가 바로 그것이다. 작은 통에 주사위를 두 개 넣고 흔들다가 탁

뒤집어서 바닥에 내려놓는다. 그때 주사위 눈의 합계가 짝수라고 예상되면 정(丁)에, 홀수라고 예상되면 반(半)에다 거는 도박이다. 이 도박은 또한 평상시에 사용하는 '오모우츠보'(우리말로 '예상대로'라는 뜻. '오모우'는 '예상', '츠보'는 '통'에 해당하는 일본어 — 옮긴이)라는 말의 어원이기도 하다.

말이 옆으로 샜는데, 이제 문제로 들어가겠다. 에도 시대에는 이 도박에 대해 아래와 같이 생각하는 사람이 많았다. '두 주사위의 눈의 합이 정이 되는 경우는 2, 4, 6, 8, 10, 12의 여섯 가지이며 그에 비해 반이 될 경우는 3, 5, 7, 9, 11의 다섯 가지다. 따라서 정에 거는 쪽이 유리하다.'

이것은 맞는 생각일까, 아닐까?

문제의 답

물론 잘못된 생각이다. 만약 그 생각이 맞다면 정에 거는 게 유리한 것을 경험적으로 알 수 있었을 것이다. 그렇다면 정반 도박은 오래가지 못했을 것이다. 이때 정이 더 유리하다는 착각을 하게 되는 것은 이탈리아의 주사위 도박과 마찬가지다. 예를 들어 합이 2와 4인 경우는 둘 다 정(짝수)이기는 하지만 대등하게 다루면 안 된다. 주사위의 색을 (빨강, 파랑)으로 구분하면 합이 2가 되는 것은 (1, 1)인 경우 하나뿐이지만 4가 되는 것은 (1, 3) (2, 2) (3, 1)로 세 가지 경우가 있기 때문이다.

따라서 이것을 똑같이 하나로 셈하는 것은 잘못이다. 이러한 잘

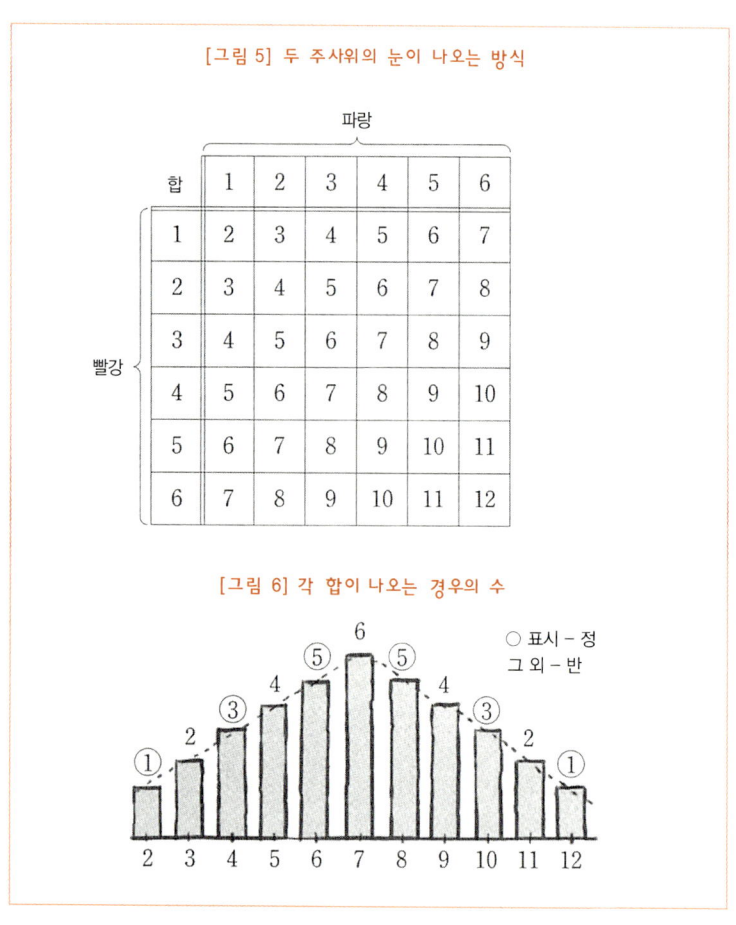

[그림 5] 두 주사위의 눈이 나오는 방식

[그림 6] 각 합이 나오는 경우의 수

못을 범하지 않으려면 [그림 5]와 같이 두 주사위 (빨강, 파랑) 각각의 주사위 눈을 나타내는 6×6 = 36개의 수표를 만들고, 두 주사위의 눈의 합이 얼마로 나오는지를 따로따로 보아야 한다. 이 36가지의 조합은 나올 확률이 균등하다.

두 눈의 합이 나올 경우의 수를 그래프로 그린 것이 〔그림 6〕이다. 이것을 보면 알 수 있듯이 정이 나올 확률이나 반이 나올 확률은 둘 다 $\frac{1}{2}$로 대등하다. 정반 도박은 속임수가 없는 한 어느 쪽에 걸어도 유리하고 불리하고는 없다.

옛날에 '터널즈'라는 이름의 콤비 코미디언이 버라이어티 쇼에 나와서 다음과 같은 게임을 했다. 주사위를 두 개 던졌을 때 합계가 6 이하라고 예상하면 '로우', 7 이상이라고 예상하면 '하이'라고 부르는 것이다. 그래서 예상이 틀렸을 때는 벌칙으로 물을 가득 담긴 수영장의 높은 미끄럼틀로 올라가 미끄러져 내려와야 한다. 이 게임은 〔그림 6〕에서 보듯이 분명히 '하이'에 거는 쪽이 훨씬 유리하다. 그러나 터널즈는 이 사실을 몰랐던 것 같다. 어느 쪽을 선택할지 아주 진지하게 고민하는 모습이 너무 웃겼다. 감탄할 만한 탤런트 근성이다.

7. 뉴스캐스터의 패러독스

확률 '1만 분의 3'에 들어 있는 논리의 함정

이제부터는 분수의 사칙연산이 확률법칙과 일대일로 잘 대응하고 있음을 순서에 따라 이야기하겠다. 우선 덧셈정리다. 오래전에 〈뉴스 스테이션〉이라는 인기 뉴스 프로그램에서 뉴스캐스터 히사베 히로시 씨가 했던 코멘트를 하나 소개한다.

"올해도 또 1만 명이 교통사고로 돌아가셨습니다. 일본의 인구는 대충 1억 명이므로 $\frac{1}{10000}$의 비율에 해당하는 분들이 1년간 교통사고로 돌아가셨다는 계산이 됩니다. 즉 제가 올해 교통사고로 사망할 확률은 $\frac{1}{10000}$이라는 거지요. 그렇다면 저 또는 고미야 씨 또는 고바야시 씨가 올해 교통사고로 사망할 확률은 $\frac{1}{10000}$이 됩니다."

고미야 씨와 고바야시 씨는 함께 진행하는 다른 방송인의 이름이다. 자, 이 히사베 씨의 코멘트에 어떤 문제점이 있을까. 만약에 히사베 씨의 논리가 맞다면 차례차례로 여러 사람의 이름을 들면서 확률 $\frac{1}{10000}$의 덧셈을 해간다면 1만 명의 이름을 대는 순간 확률의 합은 1이 되어버린다. 확률 1이라는 것은 '반드시 일어난다'는 뜻이다. 즉 이 이름에 든 1만 명 중에 누군가는 반드시 죽는다는 확실한 예언이 되어버리는 것이다. 이것은 분명 수상한 주장이다. 그래서 필자는 이것을 '히사베 히로시 패러독스'라고 멋대로 부르기로 했다(히사베 씨, 화내지 마세요. 히사베 씨의 논리는 어떤 관점에서는 옳다는 것도 함께 실어놨으니까요).

간단한 모델로 '주사위의 눈'을 생각해보자

가장 간단한 모델을 사용하여 이 논리의 허점을 파헤쳐보자. 주사위를 던져서 '1이나 2나 3의 눈이 나오는 경우'를 A라고 하자. 그리고 '3이나 4나 5의 눈이 나오는 경우'를 B라고 하자. A가 일어날 확률은 여섯 가지 경우 중에 세 가지이므로 $\frac{1}{2}$이다. 마찬가지로 B가 일어날 확률도 $\frac{1}{2}$이다. 그러면 'A나 B 어느 쪽인가는 일어난다'는 경우의 확률은 $\frac{1}{2} + \frac{1}{2} = 1$이라고 할 수 있는가. 문제가 있음을 바로 알 수 있다. 예를 들어 6의 눈이 나오면 A도 B도 일어나지 않은 것인데, 확률 1이라는 것은 '반드시 일어난다'는 뜻이니 모순이다.

그림을 그려보면 바로 알 수 있다. 다음에 있는 그림을 보자.

'사건 A가 일어날 확률'은 '일어날 수 있는 사건 전체' 중에 '사

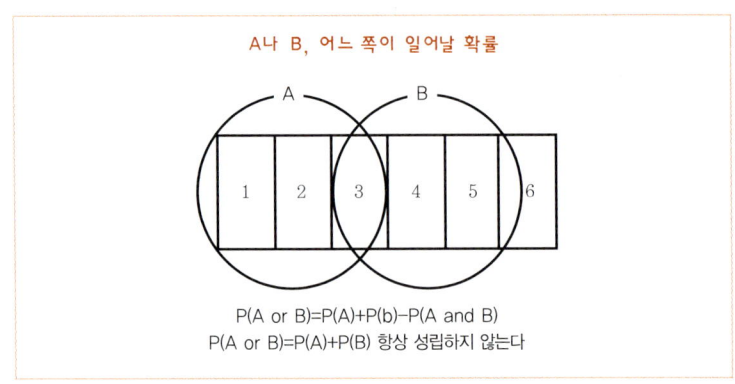

건 A가 차지하는 비율'을 말한다. 이것은 전체 넓이를 1이라고 했을 때 A가 차지하는 넓이라고 비유해도 좋다. 주사위를 던졌을 때 나올 수 있는 눈의 종류 전체는 {1}, {2}, {3}, {4}, {5}, {6}의 여섯 영역으로 나뉘어 있다. 이것들을 기본 사건(elementary event)이라고 한다. 주사위를 던지는 행위, 즉 시행은 이 중에서 어느 사건이 일어나는지를 결정한다. 주사위 모델에서는 이 여섯 가지 기본 사건에 동일한 크기의 발생 '가능성'이 부여되는데, 전체 넓이는 1이므로 각 기본 사건에는 넓이 $\frac{1}{6}$이 할당된다.

여기서 사건 A가 일어날 확률을 생각해보자.

A는 {1}, {2}, {3} 세 가지 기본 사건으로 구성된다. 그림에서 A라는 원으로 둘러싸인 부분이다. 이 세 가지 기본 사건 중 어느 하나가 일어나면 'A가 일어났다'고 할 수 있으므로, A가 일어날 가능성은 $\frac{1}{6} + \frac{1}{6} + \frac{1}{6}$로 $\frac{1}{2}$이며, 이것은 마치 원으로 둘러싼 부분의 넓이를 합한 것과 같다.

B에 대해서도 마찬가지다. 그림에서 B라는 원으로 둘러싸인 부분의 넓이는 역시 $\frac{1}{2}$이며 이것이 사건 B가 일어날 확률이다. 그런데 문제는 'A 아니면 B 어느 쪽인가는 일어난다'는 확률을 과연 $\frac{1}{2}+\frac{1}{2}$이라고 해도 좋은가, 하는 것이다. 그림에서 'A 아니면 B 어느 쪽인가는 일어난다'를 확인해보면 그 넓이가 전체 즉, 1이 되지 않음을 한눈에 알 수 있다. $\frac{1}{2}$과 $\frac{1}{2}$의 넓이를 더했는데 넓이가 1이 되지 않는 것은 어째서일까. 그것은 영역이 겹쳐 있기 때문이다. 기본 사건 {3}의 영역이 A와 B에 겹쳐 있다. 따라서 A 넓이와 B 넓이를 더하면 기본 사건 {3}의 영역을 이중으로 더한 꼴이 된다. 그래서 그냥 $\frac{1}{2}$과 $\frac{1}{2}$을 더하면, 실제 'A 아니면 B 어느 쪽인가는 일어난다'가 차지하는 넓이보다 커질 수밖에 없다.

A가 일어날 확률을 P(A)라고 하고, B가 일어날 확률은 P(B), 그리고 'A 아니면 B 어느 쪽인가는 일어난다'는 확률을 P(A or B)라고 표시하면, P(A or B) = P(A) + P(B)는 항상 성립하지 않는다.

A와 B를 합친 A or B의 넓이는 A와 B를 {3}의 부분을 풀칠하여 붙여서 합친 부분이다. 따라서 풀칠한 부분만큼 넓이가 작아지므로 {3}의 영역이 차지하는 넓이 $\frac{1}{6}$을 빼야 한다. 그러면 $\frac{1}{2}+\frac{1}{2}-\frac{1}{6}=\frac{5}{6}$으로 되어 그림 속의 A or B의 넓이와 같다.

이 {3}이라는 사건은 A와 B가 공통으로 포함하고 있는 기본 사건이므로 {3}이 일어나고 있을 때는 A와 B 양쪽 모두가 일어난다. 그래서 이 {3}은 A and B라고 쓸 수 있다. 이상의 논의를 결합하면 P(A or B) = P(A) + P(B) - P(A and B)이다. 이것이 바른 논리다.

'히사베 히로시 패러독스'의 정체

'히사베 히로시 패러독스'도 같은 원리다. 그림으로 그려서 문제의 본질을 파악해보자.

'히사베 씨가 교통사고로 죽는다'는 사건을 A, '고미야 씨가 교통사고로 죽는다'는 사건을 B, '고바야시 씨가 교통사고로 죽는다'는 사건을 C로 한다. 만약 이 사건들 사이에 겹침이 없다면 '세 명 중 누군가가 교통사고로 죽는다'는 확률은 세 사건 각각의 확률을 더한 값, P(A) + P(B) + P(C)가 될 것이다. 그렇다면 히사베 캐스터가 말한 것이 맞다.

그러나 현실에서는 사건 A와 사건 B가 동시에 일어날 수 있다. 그것은 '히사베 씨도 고미야 씨도 교통사고로 죽는다'는 사건이다. 이

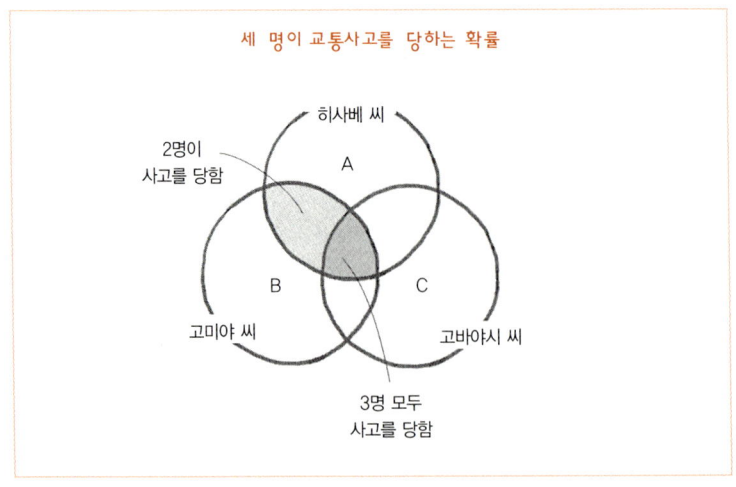

세 명이 교통사고를 당하는 확률

것을 그림으로 표시하면 다음 그림과 같다. 이 상태에서 세 가지 확률을 그냥 P(A)+P(B)+P(C) 식으로 더해버리면 회색 부분을 중복하여 더하는 꼴이 되어 실제 확률보다 더 큰 값이 나온다.

지금까지 확률, 즉 불확실한 사건을 해석할 때 분수를 어떻게 사용하는지 알았을 것이다. '~ 또는 ~가' 일어날 확률을 구하는 것은 분수의 덧셈에 대응한다는 사실을 말이다.

재미로 풀어보는 확률의 덧셈법칙

어떤 미식가의 연구에 따르면 아무 레스토랑이나 들어갈 때 그 집이 '음식 값이 싼 레스토랑'일 확률은 $\frac{1}{4}$, '음식이 맛있는 레스토랑'일 확률은 $\frac{1}{12}$, '음식이 싸고 맛있는 레스토랑'일 확률은 $\frac{1}{21}$이라고 한다.

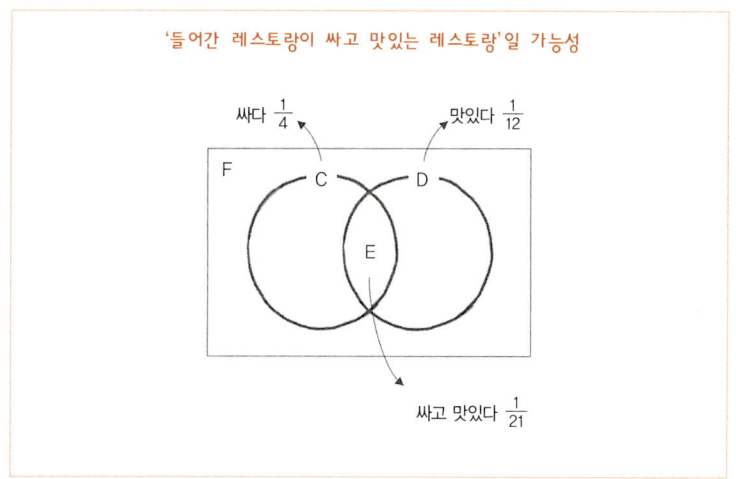

자, 이때 아무렇게나 들어간 레스토랑이 '비싸고 맛없는 레스토랑'일 확률은 얼마일까. '비싸고 맛없는 레스토랑'은 싸고 맛있는 레스토랑의 반대이므로 1에서 $\frac{1}{21}$을 빼서 $\frac{20}{21}$이라고 생각해도 좋은 것일까?

문제의 답

확률은 '넓이'와 같은 성질을 갖고 있다는 이야기는 이미 했다. 따라서 주어진 상황을 분포도로 그려보는 것이 문제를 해결하는 지름길이다.

'들어간 레스토랑이 싼 레스토랑'일 가능성을 나타내는 영역을 C라고 하고 '들어간 레스토랑이 맛있는 레스토랑'일 가능성을 나타내는 영역을 D라고 한다. 그러면 '들어간 레스토랑이 싸고 맛있는

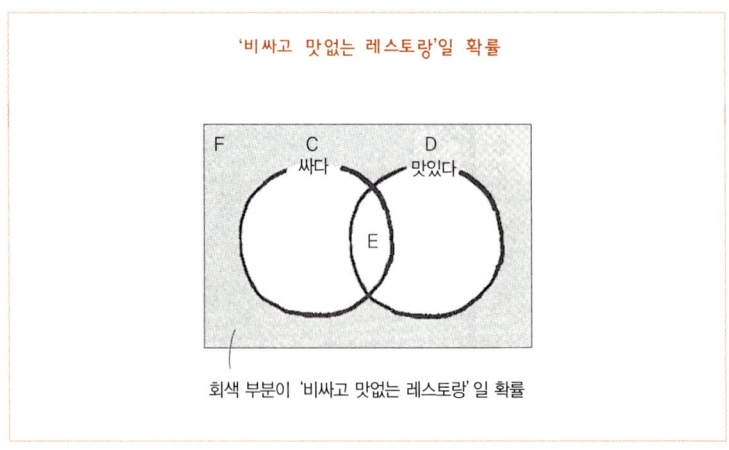

회색 부분이 '비싸고 맛없는 레스토랑'일 확률

레스토랑' 일 가능성을 나타내는 영역은 C와 D가 겹치는 E 부분이 된다. C, D, E의 면적은 주어진 대로 $\frac{1}{4}, \frac{1}{12}, \frac{1}{21}$이다.

또 '들어간 레스토랑이 비싸고 맛없는 레스토랑' 일 가능성의 영역은 C와 D 모두의 바깥쪽인 F의 영역이며 이 영역의 넓이를 구하면 그것이 답이다.

F는 전체 면적 1에서 C와 D를 붙인 조롱박 모양의 영역을 빼면 얻을 수 있다. 조롱박 형태의 면적은 C의 면적과 D의 면적을 더하고 가운데 풀칠한 부분에 해당하는 E의 면적(중복하여 덧셈한 부분)을 빼면 얻을 수 있다.

C의 면적과 D의 면적을 더하면 다음과 같다.

$$\frac{1}{4} + \frac{1}{12} = \frac{(3+1)}{12} = \frac{4}{12} = \frac{1}{3}$$

여기서 $\frac{1}{21}$을 빼면 다음과 같다.

$$\frac{1}{3} - \frac{1}{21} = \frac{(7-1)}{21} = \frac{6}{21} = \frac{2}{7}$$

따라서 F의 확률은 $1 - \frac{2}{7} = \frac{5}{7}$이다. 이 계산은 통분과 약분이 성가신 분수 계산이지만 현실을 모델화한 것이므로 피해 갈 길이 없다.

자, 왜 예상한 $\frac{20}{21}$과는 다른 답이 나왔는가. 이유는 간단하다. '싸고 맛있다' 의 부정이 '비싸고 맛없다' 가 아니기 때문이다. 일상적으로는 그렇게 사용할 수도 있지만 수학적으로는 그럴 수 없다. 일상 언어와 수학 언어는 미묘하게 다르다. 어느 쪽이 맞다 틀리다가 아니라 용도가 다른 것이다. '싸고 맛있다'의 수학적인 부정은 '싸지 않든가 또는 맛있지 않다', 다시 말하면 '비싸든가 또는 맛없다'이다. 따라서 영역 F는 아닌 것이다.

8. '화성에 생물이 살고 있을 확률'은 거의 100퍼센트다?

'A와 B가 양쪽 모두 일어날' 확률

주사위 A와 주사위 B를 함께 던져서 둘 다 1의 눈이 나올 확률은 어느 정도일까? 즉 A도 1, B도 1이 되는 사건의 확률을 묻는 것이다. 이것을 계산하라는 말을 들으면 누구나 망설이지 않고 'A가 1'일 확률 $\frac{1}{6}$과 'B가 1'일 확률 $\frac{1}{6}$을 곱해서 $\frac{1}{6} \times \frac{1}{6} = \frac{1}{36}$이라고 답할 것이다.

결과가 옳다는 것은 다음 그림을 보면 알 수 있다. 주사위 A와 주사위 B의 눈의 조합은 36가지가 있고, 그것들은 모두 일어날 가능성이 똑같다.

이 점을 감안하면 두 가지 사건 A와 B에 대해 'A와 B가 둘 다 일어나는' 사건 A and B의 확률은 A가 일어날 확률과 B가 일어날 확률을 곱하면 얻을 수 있다. 다시 말해 다음과 같은 공식을 얻을 수

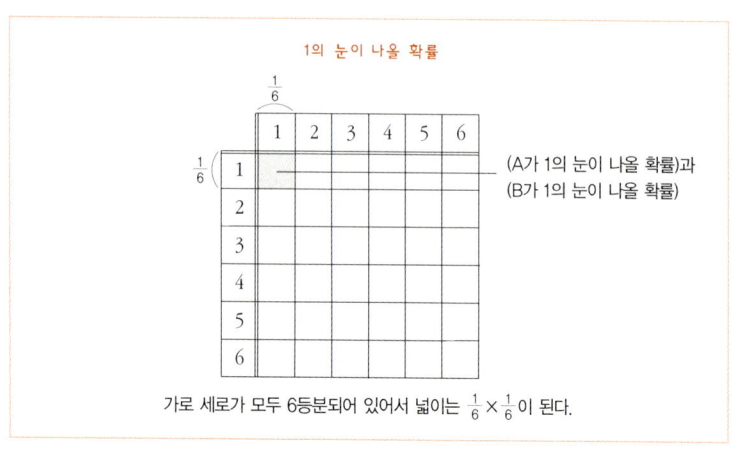

있다.

P(A and B) = P(A) × (B) …… 곱셈정리 Ⅰ

이처럼 관계 'and'로 맺어진 사건의 확률은 분수의 곱셈으로 얻어진다. 이것을 '확률의 곱셈정리'라고 한다.

'화성에 모종의 생물이 살고 있을' 확률은 64퍼센트?

그러면 이와 같은 확률의 곱셈정리는 언제 어디서라도 성립하는 것일까? 유명한 '화성인의 패러독스'를 이용하여 확인해보자. 이것은 '화성에 어떤 생물이 살고 있을' 확률이 얼마인지를 계산하는 문제다.

우선 '화성에 개가 없을 확률'을 적당한 수치로 설정해보자. 분명 없을 게 틀림없지만 절대로 없다고는 단언할 수는 없으므로 그 확률이 대충 99퍼센트, 즉 0.99라고 해두자. 그렇다면 고양이가 없을 확률도 마찬가지로 0.99라고 하는 게 타당하겠다. 이때 '개가 없다' and '고양이가 없다'일 확률은 곱셈정리를 이용하면 $0.99 \times 0.99 = 0.9801$이다. 마찬가지로 계산하면 '개가 없다' and '고양이가 없다' and '말이 없다'의 확률은 0.99를 세제곱하여 약 0.97이 된다.

확률 값이 아주 조금씩 줄어드는 것을 주목하자. 1보다 작은 수를 서로 곱하는 것이므로 분명히 수치는 계속 작아진다. 이와 같이 계속해서 동물을 추가해가자. 소나 새, 혹은 물고기 등을 추가하여 100종류의 동물이 모두 없을 확률을 계산하면 어떻게 될까. 답은 0.99를 100제곱한 값, 약 0.366이 된다. 즉 100 종류의 생물이 단 한 종류도 존재하지 않을 가능성은 약 36퍼센트로 상당히 낮다. 이대로라면 '화성에 뭔가 한 종류라도 생물이 있을' 확률은 64퍼센트다.

더욱 많은 생물을 추가하여 계산을 계속해보자. 용이라든가 해태라든가 하는 것들도 지구에서는 가공의 생물이지만 화성에서는 존재할지도 모르므로 그것들을 추가해도 상관없다. 그러면 어떻게 될까. 곱셈정리를 이용하여 계산을 하면 '열거한 모든 생물이 어느 하나도 없을' 확률은 거의 0에 가까운 값이 된다. 그렇다면 '화성에 어떤 생물이 하나라도 살고 있을 확률'은 거꾸로 한없이 1에 가까워져 '화성에는 생물이 살고 있다고 생각해도 좋다'는 결론이 나온다.

독자 여러분의 의견은 어떠한가? 아무래도 뭔가 이상하다는 생각이 들 것이다. 아무런 과학적인 근거도 대지 않은 채 단지 '있다', '없다'의 논리만으로 화성에 생물이 존재할 수 있다고 판정할 수 있을까? 애초에 '화성에 생물이 있다'는 것에 '확률' 같은 개념을 들이미는 것 자체가 문제라고 지적할 수 있다. 그러나 여기서는 '확률이란 무엇인가'라는 철학적 논의는 일단 접어두고 패러독스가 만들어진 원인을 곱셈정리를 통하여 찾아보기로 하자. 확률의 곱셈정리가 성립하는 조건을 원점으로 돌아가 다시 검토하자는 것이다.

예를 들어 '도쿄에 앞으로 10년 내에 대지진이 온다'는 사건 A와 '가나가와 현에 앞으로 10년 내에 대지진이 온다'라는 사건 B를 생각해보자. 이때 사건 A가 일어날 확률과 사건 B가 일어날 확률이 모두 $\frac{1}{2}$이라고 추측한다면 '도쿄와 가나가와 현 모두에 10년 내 대지진이 온다'는 사건 A and B의 확률을 곱셈정리를 이용하여 $\frac{1}{2} \times \frac{1}{2} = \frac{1}{4}$이라고 계산하는 것은 올바를까?

아니, 이것은 이상하다. 도쿄에 대지진이 오면 동시에 가나가와 현에도 영향을 미칠 것이 틀림없다(도쿄와 가나가와 현은 바로 붙어 있다—옮긴이). 따라서 '도쿄에 10년 내에 대지진이 올' 확률이 $\frac{1}{2}$, '도쿄와 가나가와 현 둘 다 10년 내에 대지진이 올' 사건 A and B의 확률도 $\frac{1}{2}$이라고 생각하는 것이 옳다. 여기서는 확률을 곱하는 것이 올바른 추측법이라고 할 수 없다. A 확률과 B 확률이 둘 다 $\frac{1}{2}$이지만 A and B의 확률 역시 $\frac{1}{2}$이기 때문이다. 왜 이런 문제가 생길까?

화성인의 패러독스를 푸는 열쇠는 '독립성'

그럼 어떠한 경우에 곱셈정리 I이 성립하는 것일까? 주사위 예와 지진의 차이를 생각해보자. 두 개의 주사위를 던질 때 한쪽 주사위에서 나오는 눈은 다른 한쪽 주사위에서 어떤 눈이 나올지에 영향을 미치지 않는다. 그에 비해서 도쿄에서 지진이 일어날지 어떨지는 가나가와 현에서 지진이 일어날지 어떨지와 밀접한 관계가 있다.

바로 이 점이다. 즉 한쪽 사건이 다른 쪽 사건에 영향을 미치지 않을 경우에는 곱셈정리 I이 성립하지만, 둘 사이에 서로 영향을 미칠 경우에는 곱셈정리가 성립하지 않는다. A와 B가 서로에게 영향을 주지 않는 경우를 'A와 B는 독립이다'라고 한다. 요컨대 곱셈정리의 성립은 '사건이 독립할 경우'에 한정된다.

이 독립성 문제가 바로 '화성인의 패러독스'를 푸는 열쇠다. 화성에 개가 없다면 필연적으로 고양이도 없고 말도 없을 가능성이 높다. 개가 존재하는 것과 고양이나 말이 존재하는 것은 서로 아무 관계가 없는 독립적 사건이라고 할 수 없기 때문이다. 그러므로 '개도 고양이도 말도 없을 확률'이라고 할 때 세 가지 각각이 존재하지 않을 확률을 서로 곱하여 답을 구하는 것은 실은 무의미한 계산이다. 즉 곱셈정리가 성립하지 않는 상황에 곱셈정리를 무리하게 적용했기 때문에 동물의 종류를 추가할 때마다 이들 동물이 어느 하나도 존재하지 않을 확률이 계속해서 작아지는, 그래서 어느 동물이든 반드시 존재할 확률이 100퍼센트에 가까울 정도로 늘어나는 이상한 결론이 나온 것이다.

이런 오류는 화성인 따위를 논할 때는 재미있고 우스운 실수로 넘길 수 있지만 경우에 따라서는 심각한 결과를 가져오기도 한다. 곱셈정리에 의한 확률 추측은 '위험도 추정'을 할 때 자주 이용된다. 오래전에 읽은 저명한 물리학자 다케다니 미츠오의 글에 따르면, 비행기 추락 위험도를 확률로 평가할 때 각각의 부품이 고장날 확률을 곱하여 구하기도 한다고 한다. 이것은 매우 위험한 방법이다. 각 부품이 고장나는 일은 과연 서로 독립적이라고 말할 수 있을까? 현실적으로 어느 부품이 고장나는 사태가 생긴다면 다른 부품도 고장날 가능성은 높아질 것이다. 이러한 사실을 무시하고 각 부품 하나하나의 망가질 확률을 별도로 구한 후 이들을 서로 곱하여 값을 낸 추락 위험도는 사실과는 달리 낮아질 수밖에 없다.

현대사회에서는 다양한 설비나 시스템 안전성을 확률로 평가하고 있다. 우리들은 그 수치를 그냥 받아들이고 믿을 게 아니라 그 값의 산출 방법에도 주의를 기울여야 한다.

재미로 풀어보는 곱셈정리

앞에서 히사베 씨의 발언이 과학적으로는 오류지만 어떤 관점에서는 올바르다고 한 것이 기억날 것이다. 그것을 이번 문제의 주제로 삼자.

"올해도 또 1만 명이 교통사고로 돌아가셨습니다. 일본의 인구는 대체로 1억 명이므로 일본인들은 1년간 $\frac{1}{10000}$의 비율로 교통사고로 죽을 확률이라는 이야기입니다. 그러니 제가 올해 교통사고로 사망할 확률도 $\frac{1}{10000}$입니다. 이것은 말하자면 저나 고미야 씨 또는 고바야시 씨 중 누군가가 올해 교통사고로 사망할 확률은 $\frac{1}{10000}$이라는 이야기입니다." 이 말은 '확률의 덧셈정리'로 풀면 잘못이지만, '확률의 곱셈정리'로 풀면 어떤 의미에서는 올바르다고 할 수 있다. 왜 그럴까?

문제의 답

'히사베 씨가 교통사고로 죽는다'는 사건을 A, '고미야 씨가 교통사고로 죽는다'는 사건을 B라고 하자. 히사베 씨의 발언의 오류는 '히사베 씨든 고미야 씨든 적어도 한쪽은 교통사고로 죽는다'는 사건 A or B의 확률이 A의 확률과 B의 확률을 더한 것이라고 한 점에 있다.

$$P(A \text{ or } B) = P(A) + P(B) \cdots\cdots ①$$

위와 같은 방식으로 생각한 것이 잘못이었다. 정확하게 다음과 같이 계산해야 한다.

$$P(A \text{ or } B) = P(A) + P(B) - P(A \text{ and } B) \cdots\cdots ②$$

그런데 여기서 잘 생각해봐야 하는 것은 P(A and B)라는 확률의 크기다. 이것은 '히사베 씨와 고미야 씨 둘 다 모두 교통사고로 죽는다' 는 사건의 확률이다. 이것은 분명히 0이 아니다. 불운이 두 사람 모두에게 찾아오는 일은 얼마든지 있을 수 있다. 그러므로 식 ②에서 계산된 값은 분명 ①에서 계산한 결과보다 작다.

그러나 그런 일이 일어날 확률은 아주 낮다. '히사베 씨가 교통사고로 죽는다' 는 사건 A가 '고미야 씨가 교통사고로 죽는다' 는 사건 B에 영향을 미치는 일은 거의 없다. 그러므로 사건 A와 사건 B는 거의 독립적이라고 간주해도 좋다. 이 경우는 독립사건의 곱셈공식이 대략 성립한다.

$P(A \text{ and } B) = P(A) \times P(B)$

그렇다면 P(A), P(B)가 둘 다 $\frac{1}{10000}$이니, $P(A) \times P(B)$는

$(\frac{1}{10000}) \times (\frac{1}{10000}) = (\frac{1}{100000000})$ 정도다. 이것은 $\frac{1}{10000}$에 비하면 먼지만큼 작기 때문에 무시해도 좋을 것이다.

다시 말해 '②식에서 P(A and B)는 없는 거나 같다' 고 생각해도 좋다. 따라서 ① 식은 그대로 성립한다고 생각해도 지장이 없다. 만약 히사베 씨가 여기까지 생각하여 그런 코멘트를 한 것이라면 훌륭하다 칭찬할 만하다.

9. 도박사 메레와 천재 파스칼의 만남

도박사 메레의 의문을 해결한 파스칼과 페르마

확률에 대한 본격적인 연구는 17세기부터 시작됐다. 도박사 슈발리에 드 메레(Chevalier de Méré, 1623~1662)라는 인물이 당시 뛰어난 수학자 파스칼에게 도박에 관한 자문을 구한 것이 하나의 계기가 되었다고 한다. 파스칼은 어려서부터 수학적인 천재성을 발휘하여 수많은 발견을 하였다. 그러나 워낙에 병약했던 파스칼은 지나친 연구 생활로 건강을 해치고 만다. 그러던 중 의사가 그에게 정신적인 작업을 중단하고 기분전환을 해보라고 권유하여 사교클럽을 드나들게 되었다. 거기서 도박사 메레와 만났고 메레가 파스칼에게 던진 질문이 확률론의 씨앗이 되었다. 참으로 역사란 어디서 어떻게 튈지 모를 일이다. 메레의 질문은 다음과 같았다.

나는 주사위 한 개를 네 번 이상 던지는 내기를 할 때는 '적어도 한 번은 6이 나온다, 안 나온다'에서 '나온다'에 돈을 거는 사람이 유리하다는 것을 알고 있다. 그렇다면 주사위 두 개로 내기를 할 때 주사위를 최소 몇 번 이상 던지는 내기를 해야 '주사위 눈이 둘 다 6이 되는 경우가 적어도 한 번 나온다'에 돈을 거는 것이 더 유리한가?

메레는 이렇게 생각했다. 주사위 한 개를 던질 경우 눈이 나오는 방식은 여섯 종류다. 따라서 주사위를 네 번 이상 던지는 내기를 하면 '적어도 한번은 6이 나올 확률'이 0.5를 넘는다. 그런데 주사위 두 개를 던질 경우에는 눈이 나오는 방식은 여섯 배인 36가지다. 그러므로 던지는 횟수도 여섯 배인 24회로 하면 '적어도 한 번은 주사위가 둘 다 6이 나올 확률'이 0.5를 넘을 것이다.

그러나 이 내기를 실제로 해본 결과 메레는 이 내기가 불리함을 알게 되었다. 그래서 파스칼에게 물은 것인데 파스칼은 당시 또 한 명의 뛰어난 수학자였던 페르마와 편지를 주고받으면서 이 문제를 해결했다. 페르마는 앞에서도 나왔지만 4장에서는 '페르마의 정리'라는 주제로 본격적으로 얘기를 할 작정이다. 확률법칙은 종종 우리가 지닌 통상의 '비례 감각'과 전혀 다른 결과를 알려준다. 그렇기 때문에 수학이 필요한 것이다.

도박사 메레의 의문을 푸는 열쇠는 '곱셈정리'

이 문제를 해결하려면 독립사건의 '곱셈정리'를 이용해야 한다. 우선 주사위 한 개를 던질 경우를 생각해보자. 주사위를 던질 때 각각의 시행은 독립적이어서 앞서 한 시행이 나중의 시행에 영향을 주지 않는다. 그러므로 매 시행마다 어떤 눈이 나오는지는 서로 독립된 사건이다.

이때는 'and'로 묶인 결합 사건의 확률은 원래의 사건들이 발생할 확률을 곱한 것과 같다. 그러므로 네 번 연속하여 계속 6의 눈이 나오지 않을 확률은 '1회째에 6이 나오지 않을' 확률과 '2회째에 6이 나오지 않을' 확률과 '3회째에 6이 나오지 않을'을 확률과 '4회째에 6이 나오지 않을' 확률을 곱하면 되므로 $\frac{5}{6}$를 네제곱하여 $\frac{625}{1296}$가 된다. 이것은 0.5보다 조금 작은 값이다. 그러므로 '6이 한 번도 나오지 않는다'는 쪽에 걸면 불리해진다. 적어도 한 번은 6이 나올 확률은 다음의 계산을 거쳐 0.5보다 크다.

$$1 - \frac{625}{1296} = \frac{671}{1296}$$

주사위 두 개의 경우도 계산해보자. 주사위 두 개를 24회 던졌을 때 '적어도 한 번은 둘 다 6의 눈이 나올 확률'은 둘 다 6이 되는 경우를 제외한 확률인 $\frac{35}{36}$를 24제곱한 값을 1에서 뺀 값과 같다. 이것은 약 0.4914로 0.5에 아주 약간 못 미친다. 그러므로 24회 던졌을 때 적어도 한 번은 둘 다 6이 나온다에 거는 것이 유리할 것(확률 0.5를 넘는다)이라고 생각한 메레의 '비례'를 이용한 유추는 틀린 것이다. 그러나 비록 0.5에 미치지 못한다 하더라도 아주 조금만 못 미칠 뿐이다. 메레가 이 미세한 불리함을 실제 도박을 해보면서 찾아낼 수 있었다는 것은 실로 놀라운 일이다.

만약 25회를 던졌다면 메레가 유리했을 터인데 아쉬운 일이다. 실제 유리한 도박이 되기 위해 던져야 할 횟수의 비는 $\frac{5}{6}$의 로그와 $\frac{35}{36}$의 로그의 비라는 것을 계산으로 증명할 수 있다. 그런데 이 비는 로그함수의 일차근사*를 사용하면 실제 6과 36의 비와 가깝다는 것을 알 수 있다. 그런 점에서 메레의 생각은 일차근사로서는 맞는 셈이다. 어쨌든 메레의 도박사로서의 직감은 날카로웠다.

재미로 풀어보는 곱셈정리

동전을 던져서 앞면과 뒷면을 맞추는 내기는 동전의 모양이 잘 맞춰져 있으면 공평한 내기가 된다. 하지만 실제 동전은 다소 왜곡이 있거나 무게의 편중이 있기 때문에 앞뒷면이 정확하게 반반으로 나온다는 보장이 없다. 그러면 앞면이 나올 확률이 p(0.5라고는 한정할 수 없다)이며 더구나 그 p가 어떤 크기인지를 모르는 동전을 사용하여 두 사람이 공평한 내기를 하는 것은 가능할까. 가능하다는 것을 발견한 사람은 1장에서도 등장한 악마의 두뇌를 가진 폰

---

*복잡한 함수의 굽은 그래프도 영역을 분할하여 직선으로 표현되는 일차함수로 생각하면 근삿값 등을 쉽게 구할 수 있다. 이것을 함수의 일차근사라고 한다.

노이만이다. 노이만은 다음과 같은 내기 방법을 제안했다.

"이 동전을 두 번 계속해서 던진다. 처음이 앞이고 다음이 뒤라면 A씨의 승리. 처음이 뒤고 다음이 앞이면 B씨의 승리."

자, 어째서 이 '폰 노이만의 내기 방법'이 공평한 방법일 수 있을까. A씨가 이길 확률과 B씨가 이길 확률을 p를 사용하여 확인해 보라.

문제의 답

앞이 나올 확률이 p라면 뒤가 나올 확률은 $1-p$이다. 따라서

(A씨가 이길 확률) = (처음이 앞이고 다음이 뒤일 확률) = $p \times (1-p)$
(B씨가 이길 확률) = (처음이 뒤고 다음이 앞일 확률) = $(1-p) \times p$

우선 이 계산에서는 '독립사건의 곱셈정리'가 이용되고 있다. 곱셈은 교환법칙이 적용되므로 $p \times (1-p) = (1-p) \times p$이며 p가 어떤 값을 가져도 두 사람의 승률은 동일하다. 이것이 '폰 노이만의 내기'의 작동 원리다. 확률적 공평성을 위해 '독립사건의 곱셈정리'와 '곱셈의 교환법칙'을 이용한 것인데, 정말 샘날 정도의 창의력이다.

10. 조건부 확률은 주관적이다

베이즈 목사가 발견한 '역확률' 이란?

파스칼과 페르마에서부터 본격화된 확률이론에 대한 연구는 그 후 뛰어난 수학자들에 의해 조금씩 조금씩 발전해갔다. 몇 명만 열거해보면 크리스티안 호이겐스, 자코브 베르누이, 아브라함 드 무아부르, 라플라스, 가우스 등등 모두 굉장한 수학자들이다. 그런 가운데 스코틀랜드의 목사인 토머스 베이즈가 재미있는 발견을 했다. 그것은 '역확률' 이란 생각이다. 이것을 이해하기 위해서는 우선 조건부 확률을 알아야 한다.

'조건부 확률'은 불확실한 현상에 대해 부분적인 정보가 주어졌을 때 확률을 계산하는 방식이다. 확률적으로 추론을 할 때 아무것도 모르고 추론을 하는 경우와 조금이라도 힌트가 주어졌을 때 추론하는 경우는 추론의 결과, 즉 추정값이 다르다.

예를 들면 당신이 어딘가에 모자를 잃어버리고 왔다고 하자. 가능성은 '회사'든가 '레스토랑'이든가 아니면 '거래처'든가, 이 세 곳으로 한정된다고 하자. 전혀 짐작 가는 곳이 없다면 어디에 두고 왔는지를 생각할 때 그 가능성을 대등하게 줄 수밖에 없다. 이러한 조건에서는 당신이 '레스토랑에 두고 왔다'는 추측이 맞을 확률은 $\frac{1}{3}$이다. 그러나 동료에게서 "회사를 나올 때 모자를 쓰고 있었어요"라는 정보를 얻었다고 하자. 이때 당신의 추측, 즉 '레스토랑에 두고 왔다'가 맞을 확률은 $\frac{1}{2}$로 바뀐다. 가능성이 '레스토랑'과 '거래처'로 좁혀진 결과다.

이와 같이 추가 정보에 의해 변화한 확률을 '조건부 확률'이라고 부른다. 이것을 기호로 써보자. '레스토랑에 있다'라고 하는 사건을 A라고 하면 A가 일어날 확률 P(A)는 당연히 $\frac{1}{3}$이다. 거기에 비해 '회사에 놔둔 것은 아니다'고 하는 사건을 B라고 하면 B라는 정보를 얻은 다음 사건 A의 조건부 확률은 $P(\frac{A}{B})$로 쓴다. 이 확률은 위에서 보았듯이 $\frac{1}{2}$이 된다.

이 이치를 그림으로 이해해보자. 122쪽의 그림을 보자. 직사각형은 '일어날 수 있는 모든 가능성'을 표시한다. 확률을 사용할 때 '전체'는 1이다. 이 전체에 대해 사건 A가 점하는 비율이 '사건 A의 확률' P(A)이다(그림의 회색 부분).

이 상태에서 '회사가 아니다'(= '레스토랑 아니면 거래처')라는 사건 B가 정보로 주어질 때 A가 점하는 비율은 어떻게 변화할까? 회사일 가능성은 없어졌기 때문에 사건 B '레스토랑 아니면 거래

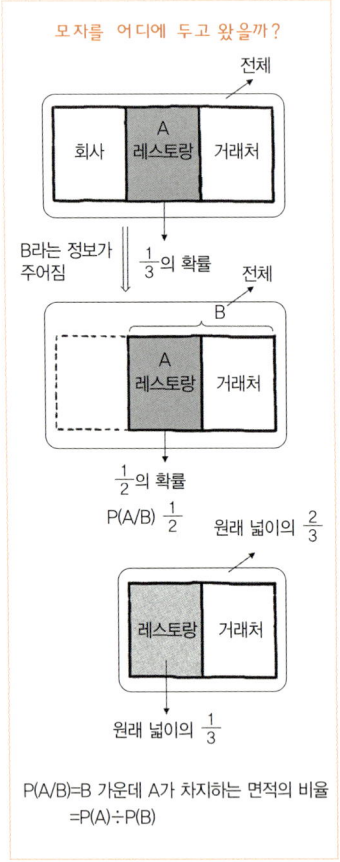

처'가 '전체'로 된다. 직사각형은 아까의 $\frac{2}{3}$로 축소된다. 이 중에서 회색 부분 A가 점하는 비율은 얼마가 될까?

그렇다. 바로 여기에 분수의 나눗셈이 등장한다. 직사각형 전체의 넓이가 B로 되어서 $\frac{2}{3}$로 축소된 것이므로 그 가운데 점하는 회색 부분 A의 비율은 다음과 같다.

〔회색 부분 A의 넓이〕 / 〔직사각형 B의 넓이〕 = $\frac{1}{3} \div \frac{2}{3} = \frac{1}{2}$

이것이 정보 B가 주어졌을 때의 조건부 확률 P(A/B)의 정체인 것이다. 이 예에서는 P(A/B)=P(A) / P(B)다.

이 계산은 분수 계산의 본질을 보여준다. 2장 맨 처음에서도 말했지만 분수에는 세 가지 의미가 있다. 그중 '단위 1에 대한 절대적인 값'으로서 분수와 '전체에 대해 어느 정도 비율인가를 나타내는 상대적 값'으로서 분수, 이 두 종류의 의미가 조건부 확률의 계산에서 나타나고 있는 것이다.

조건부 확률을 다룰 때 주의해야 할 것

수학책에서는 설명이 잘 안 나오지만, 조건부 확률을 다룰 때 특별히 주의해야 할 사항이 있다. 조건부 확률은 통상적인 의미의 확률이 아니다. 통상적으로 사용되는 확률은 '미래'를 대상으로 한다. '지금부터 주사위를 던지면 어느 눈이 나올까?' '지금부터 동전을 열 개 던지면 앞면이 몇 개가 나올까?' '앞으로 발표가 있을 복권에서 몇 등에 당첨될까?' 이들은 모두 '앞으로' 일어날 일이다.

그러나 정보 B를 얻은 상황에서 조건부 확률이라는 것은 '과거'를 다룬다. 정보라는 것은 이미 일어난 일에 대해서만 의미가 있다. 모자는 이미 어딘가에 두고 왔기 때문에 '회사는 아니다' 라는 정보가 의미가 있는 것이다. '미래'에 일어날 사건에 대해서는 이와 같은 정보는 있을 수 없다.

그런데 이 '과거에 적용하는 확률'이라는 것은 사실 문제가 있다. 모자는 이미 어딘가에 두고 왔기 때문에 '레스토랑에 있다' 혹은 '레스토랑에 없다'는 이미 결정되어 있는 상태다. 이미 결정되어 있는 것에 확률을 할당한다는 것은 도대체 어떤 의미가 있을까?

여기서는 불확실성을 미래에 대한 불확실성으로서가 아니라 지식의 부족에 따른 불확실성으로 파악하고 있다. 이미 일은 결정된 상태지만 모르기 때문에 불확실하다고 보는 것이다. 그러므로 이때의 확률은 '주관적'인 것이 된다. '미래는 누구에게나 평등하고 객관적인 것'인데 '지식의 부족'은 개인에 따라 정도의 차이가 있다.

과거에 대해서만 적용하는 조건부 확률			
주사위 확률	미래	미래의 불확실성	정해지지 않음
조건부 확률	과거	정보량의 부족	이미 결정되었음

그러한 의미에서 주관적인 것이다. 조건부 확률은 확률을 주관적인 것으로 파악할 때 비로소 정당성이 부여된다.

재미로 풀어보는 조건부 확률

앞에서도 나온 미식가에 관한 연구다. 무작위로 레스토랑에 들어갈 때 '싼 레스토랑'일 확률은 $\frac{1}{4}$, '맛있는 레스토랑'일 확률은 $\frac{1}{12}$, '싸고 맛있는 레스토랑'일 확률은 $\frac{1}{21}$이라 한다. 지금 들어온 레스토랑이 '맛있는 레스토랑'이었다. 이 정보 아래에서 그 레스토랑이 '싼 레스토랑'일 조건부 확률을 구해보기 바란다.

문제의 답

그림을 그려보면 답을 단번에 구할 수 있다. '맛있는 레스토랑'이라는 정보가 들어왔으니 전체 가능성을 나타내는 영역은 그림의 D, 즉 맛있는 레스토랑의 부분에 한정된다. 이 넓이는 $\frac{1}{12}$이다. 그런데 '싸고 맛있는 레스토랑'의 부분에 해당되는 넓이는 $\frac{1}{21}$인데 이것은 고스란히 D 영역 안에 있다. 그러므로 '싼 레스토랑' C가 D에서 차지하는 영역의 비율은 $\frac{1}{21} \div \frac{1}{12} = \frac{4}{7}$, 이것이 D라는 정보가 주어진 아래에서 C의 조건부 확률이다. 즉 '맛있는 레스토랑'이라는 정보가 주어졌을 때 그 레스토랑이 '싼 레스토랑'일 조건부 확률은 $\frac{4}{7}$다.

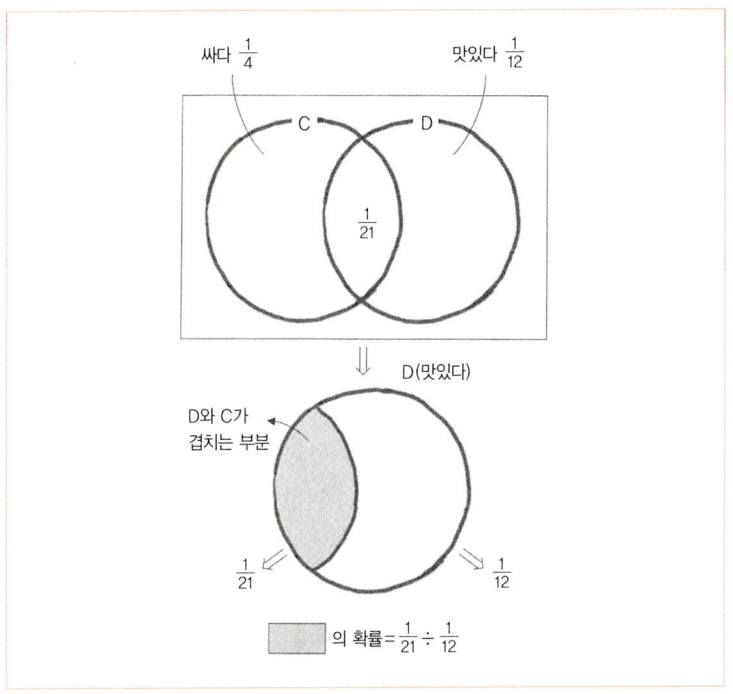

11. 베이즈 목사가 생각해 낸 역확률

'결과에서 원인을 역추정' 하는 확률

이 조건부 확률을 이용하면 매우 신기한 추정방법을 짜낼 수 있다. 그것이 토마스 베이즈 목사가 발견한 '베이즈 역확률' 이다. '역확률' 이란 '결과에서 원인을 역추정' 하는 구조다. 불확실한 사건이 일어났을 때 우리는 언제나 여러 가지 수의 원인을 상정하기 마련이다. 예를 들어 시합에 졌다면 그 원인으로 '실력은 대등했지만 운이 나빴다' 혹은 '실제 실력이 부족했다' 는 두 가지 패인을 생각할 수 있을 것이다. 또 어떤 부부가 여자 아이만 넷일 때 '그것은 순전히 우연이다' 혹은 '이 부부는 여자 아이가 태어나기 쉬운 체질이다' 라는 두 가지 가능성을 들 수 있을 것이다.

이와 같이 일어난 사건의 배후에 있는 원인으로 여러 가지가 제시된 경우 그중 어느 것이 진짜 원인인지를 추정하고 싶을 때 이용하는 것이 베이즈 역확률이다.

같은 이성을 여러 번 계속 만나는 이유는?

역확률을 이해하기 쉽게 예를 들어보겠다. 중고생인 당신이 아침 등굣길에 같은 이성을 자주 만난다고 치자. 그때 당신은 두 가지 원인을 생각할 것이다. 첫째는 '단순한 우연'이다. 그리고 둘째는 '그 이성이 당신에게 몰래 호의를 품고 있다'이다. 역확률은 진짜 원인이 이 중 어느 쪽인지를 추정하는 것이다. 역확률을 계산하려면 모델을 잘 세워야 한다. 각각의 원인에 대해서 그 때문에 이성과 만나게 될 확률을 적당히 설정해야 하는 것이다. 거기서 우선 '그 이성이 당신에게 몰래 호의를 보내고 있다'는 것을 기호 L로 표시하자.

이성과 만날 때 여러 가지 경우는?

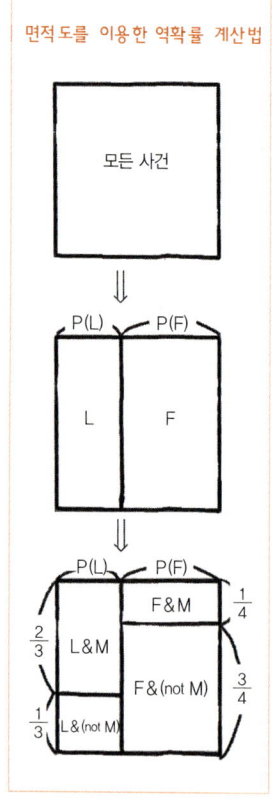

그리고 '단지 등굣길이 같아서일 뿐이다'는 기호 F로 표시하자. 원인이 L일 경우 '길에서 만날(M)' 확률은 $\frac{2}{3}$라고 설정하고 원인이 F일 경우에는 확률을 $\frac{1}{4}$이라고 설정한다.

이 조건 아래에서 '길에서 만난다(M)'는 사건이 일어났다고 하자. 이때 그 M이라는 정보 아래에서 L의 조건부확률은 얼마인지 구해보는 것이, 소위 '역확률' 계산이다.

이것을 면적도를 이용하여 계산하자. 우선 이 모델에서 전체 가능성을 표현하는 면적 1의 직사각형은 '그 아이가 자신을 좋아한다(L)'는 원인에 의해 지배되는 세계와 '그저 등굣길이 같다(F)'는 원인에 의해 지배되는 세계로 분할된다. 이때 각 영역의 면적은 각각의 확률 P(L)과 P(F)와 같다(이 수치는 나중에 정한다).

다음으로 L의 영역은 'L이 원인이 되어 길에서 만난다'는 L and M, 'L이지만 길에서 만나지 않는다'는 L and (not

M)이라는 두 가지 세계로 분할된다. 그 넓이의 비는 우리가 설정한 모델에서는 $\frac{2}{3} : \frac{1}{3}$이다. 그리고 마찬가지로 F의 영역은 'F가 원인이 되어 길에서 만난다' 라는 F and M, 'F이지만 길에서 만나지 않는다' 는 F and (not M)이라는 두 가지 세계로 분할되어 그 면적비는 $\frac{1}{4} : \frac{3}{4}$이다. 이렇게 하면 최초의 직사각형은 모두 네 개의 영역으로 분할된다.

여기서 '만난다' 는 것이 현실로 일어나서 M이라는 정보(데이터)가 얻어지므로 네 영역 중 아래 두 가지 가능성은 없어진다. 당신에게 다가온 불확실한 세계는 위의 두 영역, 즉 L and M이든가 F and M으로 좁혀진다. 이 두 가지 상황이 발생할 가능성의 비는 그 넓이의 비가 된다.

$$P(L \text{ and } M) : P(F \text{ and } M) = P(L) \times \frac{2}{3} : P(F) \times \frac{1}{4}$$

따라서 '이 정보 M 아래에서 원인이 L일 확률' 은 좁혀진 범위 중에서 왼쪽 직사각형 L and M이 점하는 비율이 된다. 그 비율은 다음과 같다.

$$P(\frac{L}{M}) = P(L) \times \frac{2}{3} \div \{P(L) \times \frac{2}{3} + P(F) \times \frac{1}{4}\} \quad \cdots\cdots ①$$

$P(\frac{L}{M})$이라는 기호는 앞에서 설명했듯이 'M이라는 정보가 주어진 상태에서 L의 확률' 을 의미한다. 이 조건부 확률이야말로 역확

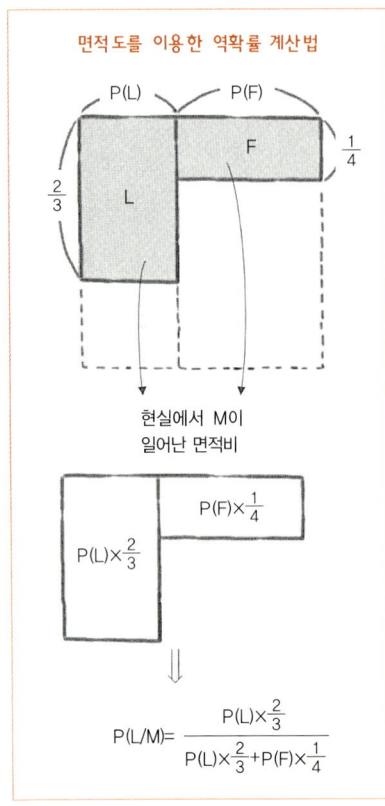

률이다. '길에서 만났다'는 결과에서 '그 아이가 자신을 좋아한다'는 원인으로 거꾸로 올라가는 확률적 추정값이기 때문이다. 또 이것을 계산하는 ①의 공식을 베이즈의 이름을 붙여 '베이즈 공식'이라고 한다.

이 역확률 값은 처음에 정하지 않고 넘어갔던 비례관계 P(L) : P(F)가 얼마인지를 정하기만 하면 바로 계산할 수 있다. 이 비례를 얼마로 할 것인지는 당신 마음이다. 예를 들어 당신은 그것이 1 : 4라고 생각해도 좋다. 이것은 즉 사랑받고 있는 확률은 20퍼센트로 가망성 없다고 하는 선입관을 갖고 있는 것이다. 이때는 $P(L) = \frac{1}{5}$, $P(F) = \frac{4}{5}$를 ①에 대입하면 된다.

$$P(\frac{L}{M}) = \frac{1}{5} \times \frac{2}{3} \div (\frac{1}{5} \times \frac{2}{3} + \frac{4}{5} \times \frac{1}{4}) = \frac{2}{5}$$

오, 단 한 번 만난 것에서 '그 아이가 나를 좋아할지도 몰라' 하는 기대는 20퍼센트에서 40퍼센트로 두 배로 뛰어올랐다. 말하자면 '야, 조금 가능성이 있을지도 모르겠네' 라고 가슴이 두 근 반 세 근 반 하게 된다는 것이다. 그러니까 이것은 '정보의 입수에 의해 생각이 바뀌었다' 는 것을 표현하는 계산이다.

베이즈 역확률은 이처럼 정보에 의해 사람의 주관, 착각 또는 생각, 인상, 신념, 억측 등이 변해가는 모습을 묘사한다. 이것은 '미래의 불확실성'을 추측하는 기존의 확률과는 의미가 다르다는 점을 잘 알아야 한다.

재미로 풀어보는 베이즈 역확률

아래의 이야기는 '린들리의 패러독스(Lindley paradox)' 라고 한다. 세 명의 죄수 앨런, 버나드, 찰스가 감옥에 갇혀 있다. 앨런은 다음 날 세 명 중 두 명이 처형되고 한 명이 석방된다는 것을 알고 있는데 누가 석방될지는 모른다. 앨런이 석방되는 사건을 A, 버나드가 석방되는 사건을 B, 찰스가 석방되는 사건을 C라고 하자. 이 단계에서는 누구에게도 유리하고 불리하고가 없으므로 각각 일어날 확률은 같다. 그것을 기호로 표현하면 다음과 같다.

버나드가 처형된다

$$P(A) = P(B) = P(C) = \frac{1}{3}$$

앨런은 간수에게 다음과 같이 요구했다.

"세 명 중 두 명이 처형되는 것이므로 버나드와 찰스 중 적어도 한 명은 처형될 것이다. 처형되는 쪽 이름을 한 명만 가르쳐주면 내가 처형되느냐 석방되느냐에 대해서는 아무런 정보도 주지 않아도 된다. 그러니까 그 이름을 가르쳐줘도 좋지 않은가."

간수는 앨런의 주장이 그럴듯하다고 생각하여 대답해주었다.

"버나드가 처형된다."

앨런은 그 대답을 듣고 미소를 지었다. 왜냐하면 석방되는 것은 찰스나 자신 둘 중 한 명으로 정해졌으니 자신이 석방될 확률은 $\frac{1}{2}$이다. 즉 $P(A) = P(C) = \frac{1}{2}$로 되어 아까보다 석방될 확률이 올랐다. 자, 정말로 앨런은 기뻐해도 좋을까. 베이즈 공식을 써서 알아보자.

문제의 답

실은 이 문제는 '어떠한 확률 모델을 세우는가'에 따라 답이 달라진다. 여기서는 앨런의 생각이 잘못되었을 경우의 모델을 만들어보겠다. 먼저 다음과 같은 설정을 해두자.

"앨런이 처형될 경우 버나드와 찰스 중에서 처형되는 것은 한 명이므로 간수는 그냥 처형될 사람의 이름을 말하면 된다. 그러나 앨런이 석방될 경우 처형되는 것은 버나드와 찰스 양쪽이므로 그 어느 쪽의 이름을 말해도 좋다. 이 경우 간수는 마음속에서 동전을 던

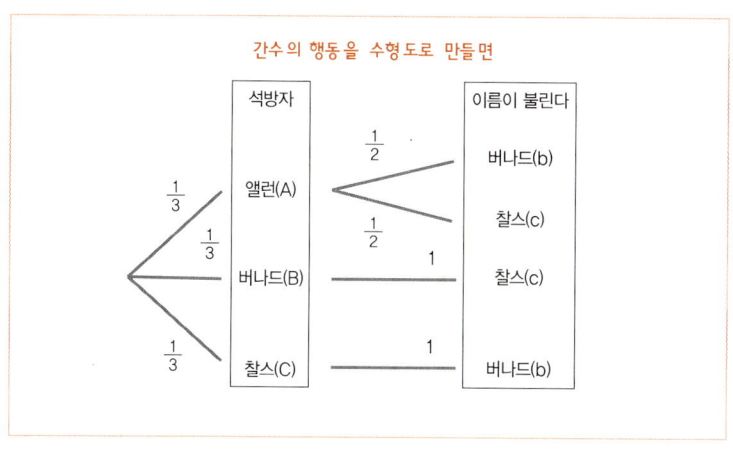

져 반반의 확률로 말할 이름을 결정한다."

이 모델에서 간수의 행동을 수형도(樹形圖)로 그리면 다음과 같다. 간수가 버나드의 이름을 말하는 사건을 b, 찰스의 이름을 말하는 사건을 c라고 한다. 이 가정 아래에서 베이즈 법칙을 사용하여 역확률을 계산해보자. 목표는 '간수가 버나드의 이름을 말했다'는 사건 b 아래에서 앨런이 석방될 사건 A의 조건부 확률 $P(A/b)$를 구하는 것이다.

역시 확률의 면적도를 이용하여 역확률 $P(A/b)$를 계산해보자. 전체 가능성을 나타내는 면적 1의 직사각형은 우선 누가 석방되느냐에 따라 세 개의 사건 A, B, C로 분할된다. 누구에게도 유리하고 불리하고가 없기 때문에 3등분이다. 다음으로 각 사건 아래에서 간수가 누가 처형될지 이야기하느냐에 따라 각 직사각형은 더 세분된다. 사건 A의 직사각형은 버나드의 이름이 불려지는 'A and b'와 찰스의 이름이 불려지는 'A and c'로 2등분된다. 확률 모델에서는 버나드와 찰스 중 간수가 어느 쪽 이름을 말하든지 공평하다고 되어 있기 때문에 2등분을 하는 것이다. 사건 B의 직사각형은 버나드가 석방될 사건이므로 이 사건 아래에서는 간수가 앨런의 요청에 따라 한 사람의 이름을 부른다면 그것은 100퍼센트 찰스의 이름이어야 한다. 따라서 사건 'B and c' 분으로 된다. 마찬가지로 사건 C 아래에서는 사건은 'C and b' 분으로 된다.

그런데 여기서 '간수가 버나드의 이름을 말한다'는 사건 B를 정보로 얻었으므로 가능성 영역은 그림의 회색 부분으로 좁혀진다. 따라서 이 정보 아래에서 사건 A와 사건 C가 일어날 비례관계는 다음과 같다.

$$\frac{1}{3} \times \frac{1}{2} : \frac{1}{3} \times 1 = 1 : 2$$

따라서 이 사건 b의 정보 아래에서 앨런이 석방될 확률은 $P(A/b) = \frac{1}{3}$이다. 이것은 b라는 정보가 들어와도 앨런이 석방될 확률은 처음과 똑같다는 것이다. 그러니 앨런이 기뻐할 근거는 없다. 아이

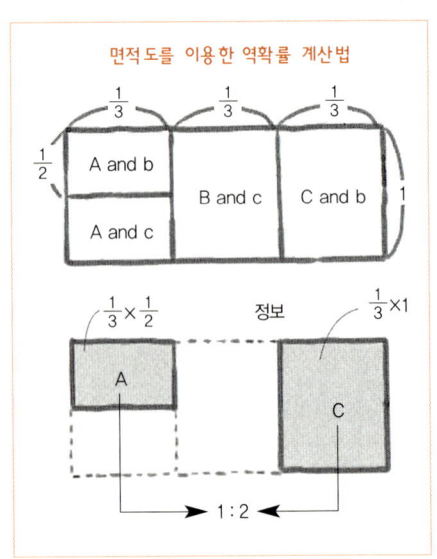

러니하게도 앨런이 말한 대로 '처형될 쪽 이름을 한 명만 가르쳐주면 내가 처형되느냐 석방되느냐에 대해서는 아무런 정보도 주지 않아도 된다. 그러니까 그 이름을 가르쳐 줘도 좋지 않은가' 하는 이야기는 올바른 것이다. 이제 패러독스는 해결되었다.

덧붙이자면 간수와 이야기를 하지 않은 찰스 쪽의 석방 확률 $P(\frac{c}{b})$는 $\frac{2}{3}$로 높아졌다. 하지만 확률이 높아졌어도 본인은 모르기 때문에 아무런 의미가 없다.

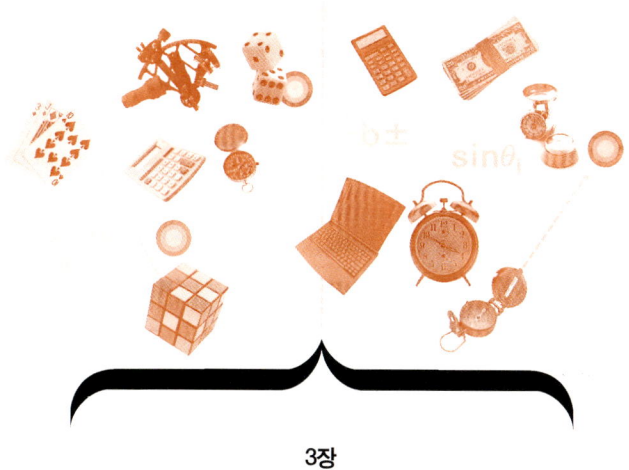

3장

무리수에서 시작되는
풍요로운 현실 세계의 이야기

무리수는 현실에서는 표현할 수 없는 수이다. 고대에서 이 '이단의 수'를 발견한 최초의 사람은 피타고라스였다. '세계는 분수로 표현할 수 있다'는 교의를 펴던 피타고라스가 스스로 무리수를 발견하여 자신의 교의를 스스로 부정해야 했던 것은 역사의 아이러니이다. 하지만 피타고라스는 과학자였기 때문에 자신의 이론에 반하는 무리수를 무조건 부정하거나 무시하지 못했고 결국 무리수는 후세에까지 전승되었다. 오늘날 무리수의 대표격인 제곱근은 일상의 모든 분야에서 테크놀로지의 기반이 되고 있으며, 오일러 상수 e가 빠진 현대 학문은 상상할 수 없다. 나아가 금융기술 등에서도 중요한 도구로 사용되고 있다. 3장에서는 현실세계에서 시작하여 카오스 이론에까지 이르는 무리수가 펼쳐가는 흥미진진한 드라마를 소개하도록 하겠다

1. 제곱근에 숨은 아름다움

아름다움의 결정체, 황금비

 기원전의 수학자 피타고라스는 제곱근을 발견하면서 '분수로 표시할 수 없는 수'가 존재한다는 사실을 밝혔다. $\sqrt{2}$나 $\sqrt{3}$은 분수로는 표현할 수 없다. 분수는 어떠한 경우에도 분자를 분모로 나누면 나누어떨어지거나 순환하거나 둘 중 하나다. 즉 소수로 표시하면 소수점 이하의 자리가 유한하거나 순환하거나 둘 중 하나다. 그러나 무리수는 소수로 표현했을 때 도중에 끝나는 일도 없고 순환하는 일도 없다. 말하자면 어떻게 해도 나누어떨어지지 않는 수다. 인공적이고 아무런 아름다움도 없는 수 같은 느낌이 들지만 사실은 그렇지 않다. 제곱근에는 모두가 알고 있는 '황금비(golden ratio)'라는 아름다움이 숨어있다.
 황금비는 다음의 성질을 갖는다. 그림을 보면 선분 AB를 점 C를

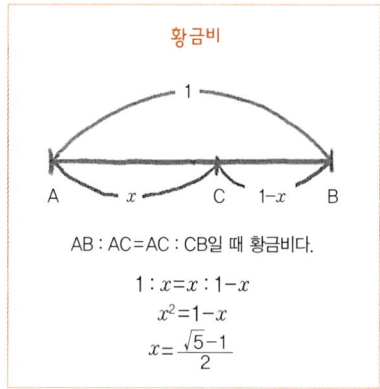

기준으로 두 부분으로 나눌 때, 선분 AB 전체와 긴 쪽 선분 AC의 비가 긴 쪽 선분 AC와 짧은 쪽 선분 BC의 비와 일치하도록 C의 위치를 정한다. 이렇게 분할된 비율을 황금비라고 한다.

황금비라고 하는 까닭은 사람들이 이 비율을 더할 나위 없이 아름답게 느끼기 때문이다. 실제로 그리스의 파르테논 신전을 비롯한 수많은 고전 미술과 건축 작품에서 이 비율을 볼 수 있다. 미술사가들은 다 빈치나 르누아르, 고흐 등의 그림 구도에서도 이 비율을 볼 수 있다고 한다. 필자의 친구 중에는 미술을 하는 사람이 있는데, 그는 철사를 사용하여 황금비를 갖는 직사각형 틀을 만들어 가지고 다니면서 그림의 구도를 결정하곤 했다. 많은 화가들이 지금이나 옛날이나 이런 식으로 일을 했을 것이다. 이처럼 황금비는 무의식적으로 또 의식적으로 미술 작품에 도입되어 사용되었다.

황금비의 정체는?

그렇다면 이 황금비의 정체는 무엇일까? 앞의 그림과 같이 전체를 1로 하여 방정식을 세우면 2차 방정식이 만들어진다. 이것을 풀면 긴 쪽 성분은 $\frac{\sqrt{5}-1}{2}$이 된다. 이것을 소수로 하면 대략 0.618이다. 이것이 황금비의 정체다. 식 속에 5의 제곱근($\sqrt{5}$)이 있다. 황금비의 아름다움 뒤에는 제곱근이 있다!

선분 AB에 AC와 같은 길이의 변을 붙여서 직사각형을 그려보자. 그것이 [그림 1]의 직사각형 ACDB이다. 이 직사각형은 두 변이 황금비이므로 아주 아름다운 직사각형이다(독자도 그렇게 생각하시는지?).

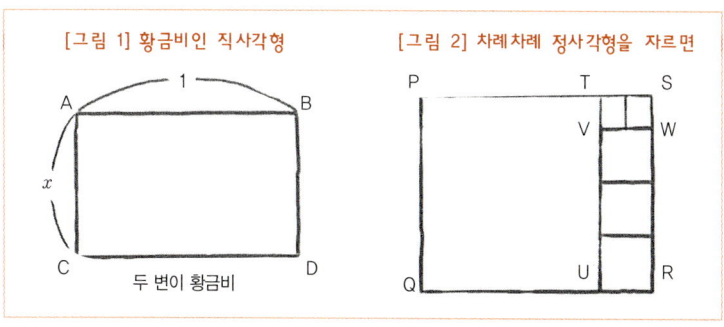

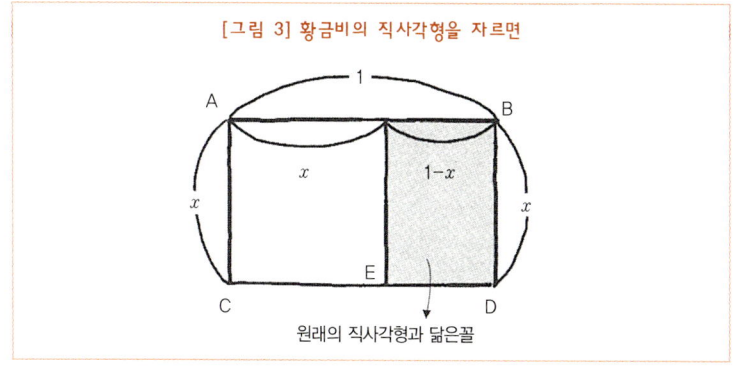

실은 이 직사각형을 주무르면 5의 제곱근이 무리수라는 증명을 얻을 수 있기 때문에 상당히 신기하다. 그럼 과연 어떻게 하는 것일까?

보통의 직사각형 PQRS가 있을 때 그 직사각형 안에 짧은 변 PQ를 변으로 하는 정사각형으로 된 칸을 만들 수 있을 만큼 만든다. 그렇게 해서 마지막에 남은 직사각형을 RSTU로 한다. 이 직사각형의 한 변은 정사각형의 변과 같고 다른 한 변은 그것보다 짧다. 거기서 이번에는 이 그 직사각형 RSTU의 짧은 쪽 변 UR을 잡아 같은 식으로 작업을 하여 더 작은 직사각형 STVW를 남긴다. 그리고 다시 같은 작업을 계속해 나가면, 원래 직사각형의 두 변의 비가 정수비라면 언젠가 직사각형이 정사각형으로 정확하게 메워지고 작업이 종료돼야 한다.

왜냐하면 이 작업은 2장에서 해설한 유클리드 호제법과 완전히 같은 원리의 작업이기 때문에 최대공약수가 구해지면 종료되기 때문이다(이 사실은 [그림 2]를 보고 확인하기 바란다). 이것을 거꾸로 하면 중요한 법칙을 얻을 수 있다. 만약 이 작업이 영원히 끝나지 않는다면 원래 직사각형의 두 변의 비는 무리수의 비율로 되어 있다고 결론지을 수 있는 것이다.

그러면 황금비의 직사각형에서 이 작업을 실행해보지 않겠는가. [그림 3]을 보면 황금비의 직사각형 ACDB에서 변 AC로 정사각형을 만들어 떼어내면 직사각형 BDEF가 남는다. 그런데 이 직사각형은 원래의 직사각형과 닮은꼴이다. 왜냐하면 황금비라는 것은 원래 직사각형의 두 변의 비가 나머지 작은 직사각형의 두 변의 비와 같도록 만든 것이기 때문이다(1 : $x = x$: (1-x)가 되도록 x 값을 잡은 것이므로).

나머지 직사각형 BDEF도 같은 작업을 하여 BF를 한 변으로 하는 직사각형을 다시 떼어내도 역시나 마찬가지다. 닮은꼴은 크기만 줄어들 뿐 실질적으로 같은 도형이기 때문이다. 따라서 이 작업은 똑같은 형태로 무한히 반복된다. 즉 호제법이 끝나지 않으므로 원래의 두 변은 정수비가 될 수 없다.*

이처럼 황금비는 그 정의상 필연적으로 무리수가 된다. 황금비의 아름다움은 어떤 의미에서 '무한한 반복의 미' 그 자체다. 그리고 이 무한한 반복이야말로 제곱근의 둥우리인 것이다.

재미로 풀어보는 제곱근의 아름다움

우리가 일상에서 사용하는 종이의 크기는 A_3나 A_4 등 A계열과 B_4나 B_5 등 B계열이 있다. 그런데 이 두 가지 계열의 직사각형에서는 두 변의 비가 둘 다 1 : $\sqrt{2}$라는 사실을 아는 사람은 별로 없다. 종이의 모양을 이런 기묘한 비로 정한 데는 이유가 있다. 직사각형의 가로와 세로가 이런 비로 되어 있으면, 이 직사각형은 본문에서 설명한 황금비의 직사각형과 비슷한 성질을 갖는다.

그 이유는 뭘까? 그렇다. 이 직사각형을 긴 변의 한가운데서 둘

---

* 유클리드의 호제법은 최대공약수를 찾는 순간 종료된다. 그런데 비교되는 두 수가 정수인 한, 즉 정수비를 만드는 한, 두 수는 반드시 1만큼은 서로의 공약수로 가질 것이므로 유클리드의 호제법은 반드시 종료된다.

로 접으면 접어서 만들어진 반쪽 크기의 직사각형은 원래의 직사각형과 닮은꼴이다. 이 사실을 √ 계산으로 확인해보자.

문제의 답

그림을 보자. 이것을 B_4판 직사각형이라고 치자. AB：BC는 $1:\sqrt{2}$ 이다. 이것을 중점 M에서 둘로 접으면 변의 비는 $\frac{\sqrt{2}}{2}:1$이 된다. 이 비의 양쪽 항을 각각 두 배로 하면 $\sqrt{2}:2$이다. 여기서 2의 제곱근 $\sqrt{2}$는 원래 제곱을 하면

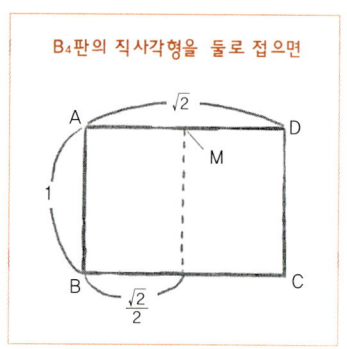

B_4판의 직사각형을 둘로 접으면

2가 된다는 사실을 기억하자. $\sqrt{2}\times\sqrt{2}=2$이므로 이것을 비의 우측 항에 바꾸어 넣어보면 다음과 같다.

$$\sqrt{2}:2=\sqrt{2}:\sqrt{2}\times\sqrt{2}$$

이 양쪽 항을 똑같이 $\sqrt{2}$로 나누면 $1:\sqrt{2}$ 가 되어 원래와 같은 비율이 된다.

어린 시절 도서관 직원에게 들은 이야기인데 종이비행기는 $1:\sqrt{2}$ 의 비로 된 직사각형 종이로 만들면 잘 난다고 했다. 그 말의 진위 여부는 알 수 없지만, 만약에 정말이라면 A판이나 B판의 종이로 비행기를 만들면 잘 난다는 얘기다.

2. 끈과 컵으로 시계를 만드는 제곱근

생활 곳곳에 숨은 제곱근

제곱근은 중학생이 되어 처음으로 배우게 되는데 그때는 계산만 하기 때문에 도저히 제곱근의 중요성을 느낄 여유가 없다. 그러니 중학교 과정이 끝나고 그후 이과 계열에 진학하지 않은 사람은 제곱근은 일상생활과는 아무 관계도 없다고 느낄 것이다. 하지만 그것은 잘못된 생각이다. 제곱근은 우리들의 일상생활 구석구석에 숨어 있다. 가장 좋은 예가 '진자'다. 끈의 길이가 L미터인 진자의 주기는 $2\pi\sqrt{\dfrac{L}{g}}$ 초로 물리학적으로 증명되었다.

진자의 주기는 진자가 한 번 움직여서 원래 자리로 되돌아올 때까지 걸리는 시간이다. 이 식에서 π는 다들 알다시피 원주율, g는 중력가속도로 지표상에서는 약 9.8이라고 알려져 있다.

이 식은 그저 보기만 해도 아주 흥미롭다. 우선 식 안에 진자의 무게가 표시되어 있지 않다. 즉 진자는 그 추의 무게와 관계없이 주기가 일정하다는 이야기다. 무거운 추나 가벼운 추나 한번 흔들리는 데 필요한 시간은 같다. 그러므로 진자를 만들 때 그 추에 무엇을 사용해도 좋다. 돌도 컵도 모두 좋다. 또 진자는 (작게 흔드는 한) 흔들리는 폭과 주기가 관계없는 것도 알 수 있다. 즉 주기는 끈의 길이만으로 결정된다. 이것이 바로 갈릴레이가 발견한 사실이다.

그리고 주기가 원주율과 관계 있는 사실도 신기하다. 그러나 무엇보다도 신기한 것은 주기가 제곱근인 점이다. 진자가 흔들린다는 그 단순한 운동에 제곱근이라는 함수가 관계되어 있는 것이다. 제곱근은 이처럼 우리 주위에 존재한다. 아예 진자를 실제로 만들어서 제곱근을 체험해보자.

먼저 끈과 컵을 준비하자. 컵은 아까 말했듯이 어떤 무게여도 상관없다. 중요한 것은 컵에 연결한 끈의 길이를 딱 1미터로 조정해두는 것이다. 이것만으로 재미있는 일이 일어난다. 그것은 주기를 계산해보면 알 수 있다. 공식 $2\pi\sqrt{\dfrac{L}{g}}$ 에, $\pi=3.14$, $L=1$, $g=9.8$을 대입하자.

전자계산기를 꺼내 다음과 같이 계산해보자. 우선 $1\div9.8$을 한다. 그리고 제곱근 키를 눌러 제곱근을 취한다. 거기에 원주율 3.14를 곱한다. 그리고 2를 곱한다. 결과는 대략 2.00606으로 나올 것이다. 즉 끈의 길이가 1미터인 진자의 주기는 대략 2초라는 이야기다.

이것이 정말인지 실험을 해보자. 초를 카운트할 수 있는 시계를 이용해 진자가 10번 왕복하는 데 걸리는 시간을 잰다. 2초에 한 번 왕복하는 것으로 계산이 나왔으니 10번 왕복하면 20초가 걸리는지를 확인하면 될 것이다. 이것만으로도 생활 속에 제곱근이 숨어 있는 증거를 잡은 것이나 다름없지만, 좀더 확인해보기 위해 수치를 조정해보자.

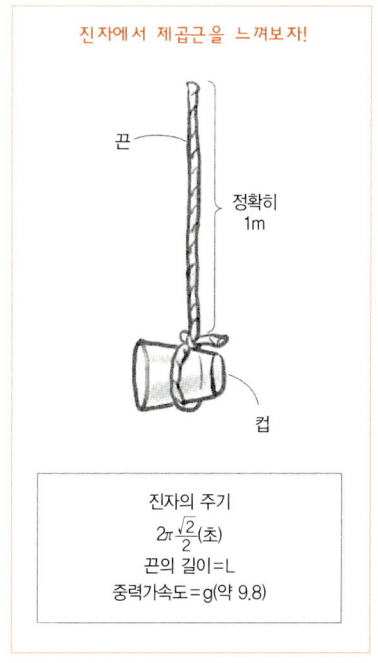

끈의 길이 L을 1미터의 반인 0.5미터로 줄여 보자. L을 2로 나눈 것이기 때문에 주기의 공식에서 보자면 주기는 $\sqrt{2}$로 나눈 값이 나와야 한다. 아까의 주기 2초를 $\sqrt{2}$로 나누면 $2 = \sqrt{2} \times \sqrt{2}$ 니까 $\sqrt{2}$초, 약 1.4초 정도다. 정말 주기가 그렇게 바뀌는지 다시 10번 왕복하는 시간을 재보자. 만일 시계가 14초를 가리킨다면 이제 당신은 제곱근의 목격자인 셈이다.

재미로 풀어보는 진자의 제곱근

미국의 인기 텔레비전 시리즈 〈X파일〉은 초현실적인 사건을 다룬다. 자, 그럼 드라마의 주인공인 FBI 수사관 멀더가 UFO에 납치되었다고 하자. 우주선에 태워져 어딘가로 이송된 멀더는 현 위치

가 지구가 아닌 것 같은 예감이 들었다. 이곳은 달이 틀림없다고 생각한 멀더는 1미터의 끈과 컵으로 진자를 만들어 그 주기를 시계로 재보았다. 아시다시피 달의 중력은 지구의 6분의 1이다. 즉 중력가속도의 크기가 지구의 6분의 1인 셈이다. 이때 진자의 주기가 몇 초라면 멀더는 자신이 납치되어 온 장소가 달이라는 것을 확신할 수 있을까?

문제의 답

주기의 공식 $2\pi\sqrt{\dfrac{L}{g}}$ 에서 중력 가속도 g가 지구의 6분의 1로 줄어들면 반대로 진자의 주기는 $\sqrt{6}$배로 늘어난다. 추를 아래로 잡아당기는 힘이 줄어든다는 것은 추를 되돌아오게 하는 힘이 약해지는 것을 의미하기 때문에, 진자가 더 천천히 움직이는 것은 당연하다.

$\sqrt{6}$은 대략 2.4이므로 주기는 2 × 2.4는 4.8초가 될 것이다. 이 사

실만 확인할 수 있다면 멀더는 밖을 볼 수 없어도 현 위치가 달임을 확신할 수 있다. 알았다고 한들 무슨 수를 쓸 수 있는 것은 아니겠지만.

3. 최적의 저축액과 제곱근

최적의 저축액을 계산해낸 경제학자 보몰

　우리는 돈의 일부는 지갑에 넣어두고 나머지는 은행에 예금한다. 은행에 예금하는 이유는 이자가 붙어 돈이 늘어나기 때문이다(안전을 위해서이기도 하지만). 가진 돈을 모두 은행에 저금하지 않는 이유는 나날의 생활을 위해 돈을 써야 하기 때문이다. 은행에 돈을 저금했다가 다시 인출하려면 수수료가 들고 수고스럽기 때문에 전액을 은행에 넣어두는 것은 좋은 방법이 아니다. 그럼 어느 정도의 현금을 수중에 남기고 어느 정도를 저금하는 것이 좋을까.
　이와 같이 '생활 속에서 최적의 행동'이 무엇인지를 찾는 학문이 경제학이다. 이 문제에 대해서 경제학자 윌리엄 보몰(William J. Baumol)이 해답을 주었다. 우선 돈을 저금하는 것과 수중에 두는 것에는 각각 상반되는 손실이 따름을 이해해야 한다. 만약에 돈을 모두 저금해두면 매일 필요한 만큼 은행에서 돈을 빼와야 하므로 수수료가 든다. 현금지급기를 이용하면 한 번에 대략 100엔이 든다. 수수료가 싫어서 전액을 수중에 남겨놓으면 이자 수입이 날아간다. 이것도 손실이다. 그래서 이 중간의 어딘가에 있는 최적의 저금액을 발견해야 한다.

보몰의 계산에 따르면 은행에서 돈을 인출하는 최적의 횟수는 $\sqrt{\frac{Ti}{2b}}$ 라고 한다. 여기서 T는 연간 인출하는 돈의 총액, b는 한 번 인출할 때 드는 은행 수수료(혹은 인출하는 데 들어가는 노력을 돈으로 환산한 것), i는 연간 은행 이자다. 여기에서도 제곱근이 나타났다. 이런 생활 밀착형 계산에도 제곱근이 숨어 있는 것이다.

어느 정도의 횟수가 최적의 횟수인지 계산해보자. 연간 T=800만 엔의 돈을 인출해서 사용한다고 하고 은행 수수료 b를 100엔, 이자율 i를 4퍼센트로 한다. 그러면 $8,000,000 \times 0.04 \div 2 \div 100 = 1600$이고, 1600의 제곱근을 취하면 40이 나온다. 그러니까 40회가 최적의 인출 횟수라는 이야기다. 1년을 대략 360일로 잡는다면 9일에 한 번 인출하는 것이 가장 좋다!

재미로 풀어보는 일상의 제곱근

당신이 회사에서 영업부장으로 승진하여 열심히 영업을 했다고 하자. 첫 해에는 매출이 12퍼센트 증가했고, 2년째에는 75퍼센트 증가했다. 그럼 당신이 부장이 된 이후 2년 동안의 평균 매출 증가율은 몇 퍼센트 일까. $\frac{(12+75)}{2}$ = 43.5이므로 43.5퍼센트라고 하면 될까?

문제의 답

12퍼센트 증가는 매출이 전년보다 1.12배가 되는 것이다. 그러므로 부장 승진 전년의 매출을 N으로 한다면 N × 1.12가 첫해의 매출이다. 그리고 그 다음해는 75퍼센트가 증가했으므로 매출은 N × 1.12 × 1.75 = N × 1.96이 된다.

평균 신장률이 43.5퍼센트라고 한다면 매출이 1년마다 1.435배가 되므로 2년째의 매출은 N × 1.435 × 1.435 = N × 2.059225가 되어야 하는데, 이것은 앞의 계산과 일치하지 않는다. 그러므로 평균 신장률 43.5퍼센트는 틀렸다.

평균 신장률을 바르게 계산하려면 다음과 같다. 먼저 매출이 1년에 x배씩 늘었다고 하자. 그러면 2년째의 매출액은 N × x × x = N × x^2이 된다. 이것이 N × 1.96과 같다고 하는 것은 x^2이 1.96이라는 이야기다.

1.96의 제곱근을 전자계산기로 구하면 1.4가 된다. 즉 매출은 1년에 1.4배이므로 연평균 매출신장률은 40퍼센트다. 이와 같은 평균(두 수를 곱한 다음 그 제곱근을 취하여 얻는 평균)을 '기하평균'이라고 한다.

4. 걸어도 걸어도 앞으로 나아가지 못하는 취객

경제학계에서도 주목하는 '브라운 운동'

'브라운 운동'이라는 현상이 있다. 이 연구의 시작은 식물학자 브라운이 19세기 초에 보고하여 주목받았다. 컵에 담긴 물에서 꽃가루가 미세하게 떨며 움직이는 것을 발견한 브라운은 처음에는 이 운동이 생명현상이라고 착각했다(속설일 뿐이라는 말도 있다).

그러나 이런 현상은 꽃가루만이 아니라 유리의 파편 같은 것들도 보여준다는 것이 확인되면서 다른 원인을 찾아야 했다. 그 원인은 '원자와 분자의 존재'였다. 물 분자는 눈에 보이지 않을 정도로 작지만 격렬하게 열운동(熱運動)을 하고 있으며 이 운동하는 물 분자와 충돌하여 꽃가루가 움직인다는 것이었다.

당시까지 브라운 운동은 가설에 지나지 않았던 원자론의 중요한 증거가 되었다. 그 뒤 아인슈타인이 브라운 운동을 연구하여 노벨상을 수상한 것은 유명한 일이다. 브라운 운동의 원인이 해명된 뒤에는 그 운동의 특성에 대한 연구가 활발해져, 위너(N. Wiener) 같은 수학자들이 정교하게 이론으로 다듬어 갔다. 또 주식의 가격 변동이 브라운 운동에 가깝다는 주장이 제기된 이래 금융 등의 경제계에서 주목받게 되었다.

취객의 걸음걸이로 '브라운 운동'을 이해할 수 있다!

브라운 운동을 단순화한 것에 '랜덤워크'가 있다. 랜덤워크를 통해서 브라운 운동의 정체를 좀더 파헤쳐보자.

역과 집 사이의 중간에 술집이 있고, 만취한 A가 지금 술집을 나와 집을 향해 출발했다고 하자. 그런데 A는 술을 지나치게 많이 마

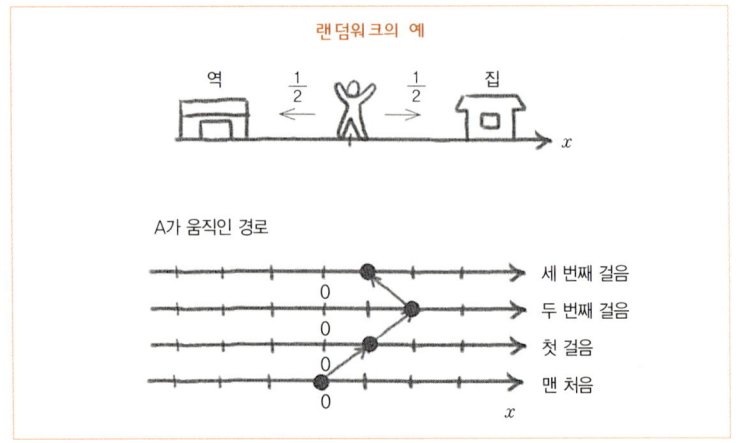

셔서 발걸음이 불안하다. 한 발 내밀 때마다 비틀비틀 역 방향과 집 방향으로 반반의 확률로 왔다 갔다 한다.

이것을 다음의 그림으로 살펴보자. x축의 플러스 방향이 집 쪽이고 마이너스 쪽이 역 쪽이라고 치자. 만취한 A는 확률 0.5로 플러스 방향, 그리고 확률 0.5로 마이너스 방향으로 한

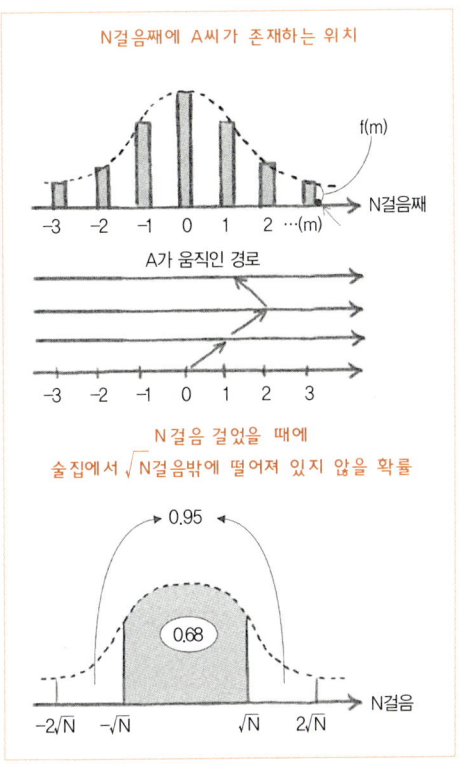

눈금씩 이동한다. 다음으로 그림과 같이 한 발 나아갈 때마다 하나 위에 있는 가로축에 A의 위치를 표시해가는 것으로 하자. 이것은 A가 취한 발걸음으로 걸은 경로를 그린 것이다.

걸음 수 N이 충분히 크다면 N걸음째에 A씨가 존재하는 위치를 확률적으로 그리면 그림의 그래프와 같다.

막대그래프의 높이는 그 위치에 있을 확률을 나타낸다. 예를 들면 술집에서 집 쪽으로 m걸음만큼 가까이 다가간 위치에 있을 확

률은 막대의 높이 $f(m)$이다.

자, 여기서 주목해야 할 것은 술집($x=0$)에서 양쪽으로 $\sqrt{N}$걸음만큼 떨어진 범위 안쪽에 있는 막대그래프의 확률을 더하면 약 0.68이 된다. 즉 A가 N걸음을 걷고도 술집에서 $\sqrt{N}$걸음의 거리를 벗어나지 못하고 있을 확률은 68퍼센트이다. 나아가 이것의 두 배, 즉 술집에서 양쪽으로 $2\sqrt{N}$걸음의 범위 안에 있는 막대그래프의 확률을 더하면 0.95이다. 즉 A가 N걸음을 걷고도 술집에서 $2\sqrt{N}$걸음 거리를 벗어나지 못하고 있을 확률은 95퍼센트다. 이것을 물리학자 에어빈 슈뢰딩거(Erwin Schröedinger)는 '$\sqrt{N}$법칙'이라고 했다.

이 사실은 우리들에게 놀랄 만한 진실을 가르쳐준다. 우선 N보다 $\sqrt{N}$은 아주 작은 값이라는 것을 전자계산기로 확인해보자. N이 1000보라면 $\sqrt{N}$은 약 31.6, N이 10000보라면 $\sqrt{N}$은 100이다. 이것은 A가 1000걸음을 걸어도 술집에서 겨우 32걸음, 잘해야 64걸음 정도밖에 떨어져 있지 않음을 의미한다. 또 만 걸음 걸어도 기껏해야 100걸음, 잘해봤자 200걸음 정도밖에 떨어져 있지 않다는 얘기다. 만취한 상태에서 집으로 가는 길이 얼마나 먼 길인지는 술을 좋아하는 사람이라면 경험으로 알고 있을 것이다. 이러한 부분에도 $\sqrt{}$(무리수)가 관계 있다는 것은 유쾌한 일이다.

재미로 풀어보는 랜덤워크

랜덤워크는 만취한 A가 동전을 던져서 걷는 방향을 결정하는 것과 같다. 좌우 어디로 갈지는 마치 동전을 던졌을 때 앞뒤 어디가 나올지 모르는 것과 같기 때문이다. 따라서 랜덤워크에 '$\sqrt{N}$법칙'이 있다면 동전 던지기에도 마찬가지 이 법칙을 적용할 수 있다. 동전판 $\sqrt{N}$법칙은 다음과 같이 표현할 수 있다.

'동전을 충분히 많은 횟수인 N번 던지면 이론적으로는 $N \div 2$회 앞면이 나오겠지만 실제로는 딱 $\sqrt{N} \div 2$가 나온다는 보장은 없고 대략 그 정도 값이 나온다고 할 것이다. 이때 약 $(N \div 2) \pm (\sqrt{N} \div 2)$ 이내의 범위에서 앞면이 나온다고 생각하면 거의 맞다.'

좀더 정확하게 말하면 동전의 앞면이 나오는 횟수가 $\sqrt{N} \div 2$번 이내에 있을 확률은 약 68퍼센트, $\sqrt{N}$ 이내에 있을 확률은 약 95퍼센트다. 자, 동전을 100번 던졌을 때 앞면이 나올 횟수를 당신이 예언한다고 하자. 예언이 95퍼센트 맞게 하려면 당신은 앞면이 몇 번 나온다고 예언하면 좋을까.

문제의 답

동전의 앞면이 나올 횟수의 평균값은 $100 \div 2$로 50회다. 앞면과 뒷면이 나올 가능성이 같으므로 '반은 앞면이 나온다'고 예상하는 것이 타당하다. 그러나 '딱 50회 나온다'고 예언하는 것은 위험하다. 현실적으로는 50회에서 다소 전후한 값이 나올 것이며 실제로 딱 50회일 확률은 8퍼센트 정도밖에 안 된다. 그러므로 예언이 맞으려면 50회 앞뒤로 여유를 준 값을 말하는 것이 좋다.

그래서 동전판 $\sqrt{N}$법칙을 사용하겠다. $\sqrt{100}$은 10이다. 그러므로 50회 앞뒤로 각각 10의 폭을 갖는 예언을 한다면 적중률은 95퍼센트까지 높아진다. 이 정도면 틀릴 염려는 아주 적다. 그러니 앞면이 나오는 횟수는 '40회에서 60회 사이'라고 예언하면 된다.

5. 난문 '제타'의 계산에 도전한 오일러

18세기 수학자들이 도전한 '제곱수의 역수'

18세기 수학자들은 '제곱수의 역수를 무한히 더하면 얼마가 될까?'라는 문제를 놓고 씨름을 했다. 식으로 쓰면 다음과 같다. 이때 ζ는 '제타'라고 읽는다.

$$\zeta = \frac{1}{1} + \frac{1}{4} + \frac{1}{9} + \frac{1}{16} + \frac{1}{25} + \cdots\cdots$$

1728년 다니엘 베르누이는 골드바흐(Goldbach)에게 "제타는 5분의 8에 지극히 가깝다"고 써서 보냈다. 다음해인 1729년 골드바흐는 제타를 1.6437과 1.6453 사이의 수라고 규명했다. 오일러는 1731년에 더 정밀한 수치 1.644934를 얻었다. 그러나 그들은 그때까지 제타의 정체가 의외의 곳에 숨어 있는 것을 눈치 채지 못하고 있었다. 그 뒤 오일러는 제타를 소수점 이하 20자리까지 계산하는 집념을 보였다. 그것은 다음과 같다.

$\zeta = 1.64493406684822643647$

오일러는 더 나아가 이 수의 정체까지 규명했다. 우리에게는 전자계산기가 있으므로 오일러의 추적 과정을 따라가보자.

우선 제타를 6배한다. $6 \times \zeta = 9.869604$다. 다음으로 이것의 제곱근을 구해보자($\sqrt{6 \times \zeta}$). 이 값은 3.141592다. 그렇다. 원주율 π가 나타났다. 이것이 1735년에 이루어진 오일러의 위대한 발견이다. 변형하면 다음과 같다.

$$\zeta = \frac{\pi^2}{6}$$

글쎄 제곱수의 역수를 무한의 끝까지 더하면 원주율의 제곱을 6으로 나눈 크기가 된다는 거다. 1735년 오일러의 증명에는 여기저기 비약이 있었고 완전한 것은 아니었다. 오일러는 그 뒤 10년에 이르는 눈물겨운 노력 끝에 이 경이로운 공식을 완전히 증명했다.

오일러는 이와 같은 무한급수를 일반화하여 다음의 함수를 연구했다.

$$\zeta(s) = \frac{1}{1^s} + \frac{1}{2^s} + \frac{1}{3^s} + \frac{1}{4^s} \cdots\cdots$$

이 함수는 오늘날 '제타함수'라고 불린다. s가 2일 때, 즉 $\zeta(2)$가 앞에서 이야기한 수다. 드디어 얼마 안 되어 오일러는 제타함수의 공식을 발견했다.

$$\zeta(s) = \frac{1}{(1-\frac{1}{2^s})(1-\frac{1}{3^s})(1-\frac{1}{5^s})(1-\frac{1}{7^s})}$$

이 역사적 발견을 보면 오른쪽 변에는 모든 소수가 등장하는 것을 알 수 있다. 즉 원주율 π의 배후에도 소수가 소용돌이 치고 있다니 놀랍다. 이 형식을 '오일러의 곱'이라고 한다.

이후 제타함수는 정수론을 연구하는 학자들에게 중요한 표적이

제타함수 연구를 통해 페르마의 대정리가 해결되다!

페르마 성

제타함수

되었다. 제타함수에 대한 연구가 축적되면서 20세기 말에 저 유명한 페르마의 대정리가 정복되었다(페르마의 대정리에 대해서는 4장에서 이야기하겠다). 오늘날에는 더 나아가 제타함수와 우주 물리학의 관계도 뜨거운 화제로 떠오르고 있다. 제타함수는 그런 점에서 실로 역사적 발견이라 해도 지나치지 않다.

재미로 풀어보는 제타

$\zeta = \frac{1}{1} + \frac{1}{4} + \frac{1}{9} + \frac{1}{16} + \frac{1}{25} + \cdots\cdots = \frac{\pi^2}{6}$ 이라는 수식은 천재 오일러조차 집념의 노력 끝에야 발견할 수 있었으니, 그렇게 쉽게 재현해 보이기는 어려울 것이다. 그러나 '제타가 2보다 작다'는 사실 정도라면 초등학교 6학년의 산수 실력으로도 확인할 수 있다. 어떻게 확인할 수 있을까? 힌트는 다음의 부등식이다.

$$\frac{1}{2 \times 2} < \frac{1}{1 \times 2}, \quad \frac{1}{3 \times 3} < \frac{1}{2 \times 3}, \quad \frac{1}{4 \times 4} < \frac{1}{3 \times 4} \cdots\cdots$$

문제의 답

제타 식 속의 $\frac{1}{4}, \frac{1}{9}, \frac{1}{16} \cdots\cdots$ 을 각각 $\frac{1}{1 \times 2}, \frac{1}{2 \times 3}, \frac{1}{3 \times 4} \cdots\cdots$ 로 치환해간다. 이렇게 하면 각 항은 원래의 항보다 더 크므로 전체로는 제타보다 더 큰 수가 나올 것이다.

$$\zeta < \frac{1}{1} + \frac{1}{1 \times 2} + \frac{1}{2 \times 3} + \frac{1}{3 \times 4} + \cdots\cdots$$

그런데 오른쪽 변은 다음과 같이 변형할 수 있다.

$$\frac{1}{1} + \left(\frac{1}{1} - \frac{1}{2}\right) + \left(\frac{1}{2} - \frac{1}{3}\right) + \left(\frac{1}{3} - \frac{1}{4}\right) + \cdots\cdots$$

이것은 그림과 같이 수가 서로 상쇄되므로 정확히 2의 값을 갖는다. 이렇게 해서 $\zeta < 2$ 라는 사실을 확인할 수 있다.

랜덤워크의 예

$$\frac{1}{1}$$
$$\left(\frac{1}{1} - \frac{1}{2}\right)$$
$$\left(\frac{1}{2} - \frac{1}{3}\right)$$
$$\left(\frac{1}{3} - \frac{1}{4}\right)$$
$$\left(\frac{1}{4} - \frac{1}{5}\right)$$
$$\vdots$$
$$+)\underline{}$$
$$2$$

6. 오일러의 수와 이자 계산

은행의 이자 계산에도 사용되는 오일러의 수

천재 오일러가 발견한 무리수 중에서 가장 유명한 것은 팩토리얼의 역수로 된 무한급수다. 팩토리얼은 1에서 n까지의 모든 자연수를 곱해서 만들어지는 수를 말한다. $n!$('n의 계승 혹은 n 팩토리얼'이라고 읽는다)라는 기호로 쓴다.

$1! = 1, \ 2! = 1 \times 2 = 2, \ 3! = 1 \times 2 \times 3 = 6, \ 4! = 1 \times 2 \times 3 \times 4 = 24 \cdots\cdots$

특별히 $0! = 1$로 정해놓았다. 이것들의 역수를 무한의 저편까지 더했을 때 나오는 수를 오일러의 수라고 부르고 이 값은 대략 2.71828이다.

$$e = \frac{1}{1} + \frac{1}{1} + \frac{1}{2} + \frac{1}{6} + \frac{1}{24} + \frac{1}{120} + \cdots\cdots$$

이것이 무리수라는 것은 에르미트(Charles Hermite)라는 수학자가 증명했다. 이 오일러 수는 오늘날 수리과학을 연구하려면 빼놓을 수 없는 수다. 피타고라스의 정리만큼 중요하다고 해도 과언이 아니다. 물리현상, 생물현상, 사회현상 등등 모든 곳에 이 오일러의 수가 얼굴을 내민다. 그중 우리와 가장 가까이에서 찾을 수 있는 것으로 예를 하나 들자면 이자의 공식이다.

이자가 뭔지 모르는 사람은 없다. 이자는 보통 연리로 환산된다. 예를 들면 연리 10퍼센트로 돈을 N만큼 빌리면 1년 후에는 N × 0.1만큼의 돈을 더해서 갚아야 한다. 즉 1년 후에 빚은 N × (1+0.1)로 불어난다. 그럼 연리 10퍼센트가 아니라 반년마다 5퍼센트씩 이자를 붙이기로 하면 이것도 연리 10퍼센트 같은 이자가 나올까? 그렇게 되지 않으리라는 것은 직감으로 알 수 있다. 왜냐하면 반년 동안 늘어난 이자에도 또 이자를 붙이기 때문이다.

N의 빚은 반년 후에는 N × (1+0.05)로 불어난다. 복리라면 이 전체에 대해 다음 반년의 이자가 붙으므로 1년 후에는 N × (1+0.05) × (1+0.05) = N × (1+0.05)^{2}로 빚이 늘어난다. 이것은 N × 1.1025이므로 아까의 N × (1+0.1)보다 크다. 이와 같이 연리를 세세하게 분할하여 짧은 기간을 단위로 복리를 붙여가면 1년 후의 이자율은 어떻게 될까.

연리 x에 대해 이 계산을 해보자. 우선 반년마다 $\frac{x}{2}$만큼 이자를 붙일 경우, $\frac{1}{3}$년마다 $\frac{x}{3}$만큼 이자를 붙일 경우……와 같은 식으로 차례차례 계산해가면 결과는 다음과 같다.

기간을 세분할 때 1년 뒤 이자율

$$\left(1+\frac{x}{2}\right)^2 = 1 + x + \frac{1}{4}x^2$$

$$\left(1+\frac{x}{3}\right)^3 = 1 + x + \frac{1}{3}x^2 + \frac{1}{27}x^3$$

$$\left(1+\frac{x}{4}\right)^4 = 1 + x + \frac{3}{8}x^2 + \frac{1}{16}x^3 + \frac{1}{256}x^4 + \cdots\cdots$$

$$\left(1+\frac{x}{100}\right)^{100} = 1 + x + \frac{1}{2i}\left(\frac{99}{100}\right)x^2 + \frac{1}{3i}\left(\frac{99}{100}\cdot\frac{98}{100}\right)x^3 + \cdots\cdots$$

$\vdots$

이 다항식은 흥미롭게도 일정한 다항식으로 수렴된다. 그것이 다음 그림이다. 각 항의 분모가 오일러의 수와 마찬가지로 팩토리얼로 접근해가는 것이다. 이 식에서 x에 1을 대입하면 오일러 수가 된다. 즉 이자율이 연리 1, 즉 100퍼센트라면 연리를 무한히 세세하게 분할하여 그 짧은 기간을 단위로 복리로 계산할 경우 1년 후의 부채총액은 원금에 오일러의 수를 곱한 값이 된다.

> **다항식으로 수렴해 간다**
>
> $$\left(1 + \frac{x}{n}\right)^n \sim 1 + \frac{x}{1!}x + \frac{x}{2!}x^2 + \frac{x}{3!}x^3 + \frac{x}{4!}x^4 + \cdots\cdots$$
>
> $$e^x = 1 + \frac{x}{1!}x + \frac{x}{2!}x^2 + \frac{x}{3!}x^3 + \cdots\cdots$$
> $$\| \exp x$$

이것으로 끝나지 않는다. 이자율을 x라고 놓으면 이 식은 그림처럼 오일러 수의 지수함수 e^x와 완전히 같은 꼴이 된다. 이 지수함수를 특별히 'exp x'라고도 쓴다. 이자에도 이와 같이 분수로 표시할 수 없는 수, 즉 무리수가 쓰인다니 우리는 분명 무리수에 포위되어 살고 있음이 틀림없다.

재미로 풀어보는 이자 계산

금융 관계자 사이에 통하는 '0.7법칙'으로 불리는 유명한 법칙이 있다. 이자율과 연수를 곱해서 0.7이 될 때 빚이 딱 두 배가 된다는 것이다. 예를 들어 이자율 0.1(=10퍼센트)로 7년 빌려 쓰면 빚은 대략 두 배로 늘어난다. 또 이자율 0.02(=2퍼센트)로 35년 빌려도 마찬가지다. 자, 이 공식은 어떤 이유로 성립할까. 비밀은 전개식에 있다. 이자율을 x, 연수를 m으로 하면 아까 본 것처럼 N의 빚은 N

× $(1+x)^m$ 으로 불어난다. x가 0에 가까운 수일 때 이 공식은 아래와 같이 근사식으로 표현할 수 있다.

$$(1+x)^m = 1 + mx + \frac{m(m-1)}{2}x^2 + \cdots\cdots$$

$$\fallingdotseq 1 + mx + \frac{1}{2}(mx)^2$$

이 식을 이용하면 0.7법칙은 간단히 계산할 수 있다. 해보기 바란다.

문제의 답

이자율 x에 연수 m을 곱한 mx가 0.7일 경우를 보면 되니까 해당 값들을 근사식에 대입해보자.

$$(1+x)^m \fallingdotseq 1 + mx + \frac{1}{2}(mx)^2 = 1 + 0.7 + \frac{0.7^2}{2} = 1.945$$

실제 값은 이것보다 크므로 대략 빚은 두 배가 된다고 해도 좋다.

7. 미팅의 성공 확률이 궁금하다면?

무리수를 알면 미팅 성공률도 알 수 있다!

확률 계산 중에 재미있는 것으로 '미팅 문제'가 있다. 지금 남녀가 각각 n명씩 모여서 미팅을 한다고 하자. 미팅이 끝난 후 각자 사귀고 싶은 이성을 지목한다. 단 남자들은 함께 논의를 하여 지목한 상대가 겹치지 않게 조정하고 여자들도 마찬가지로 한다. 그렇다면 서로 상대방을 가리켰을 때 아쉽게도 마음에 맞는 커플이 한 커플도 만들어지지 않을 확률은 어느 정도일까.

이 문제를 더 쉽게 생각하려면 다음과 같은 상황을 그려보면 된다. 우선 여자들이 일렬로 줄지어 앉아 있다고 하고 그 앞에 남자들이 먼저 자신이 마음에 둔 여자 앞에 선다. 이번에는 여자들이 일어서서 자신이 마음에 둔 남자의 앞으로 가서 선다. 이때 이동하지 않고 앉아 있는 여자가 한 명도 없을 확률을 구하는 것이다.

　좀더 생각하기 쉽게 문제를 변형하자. 1부터 n까지 번호가 붙은 상자에 역시 1에서 n까지 번호가 붙은 공을 무작위로 넣는다. 이때 상자의 번호와 거기에 들어간 공의 번호가 일치하는 경우가 하나도 없을 확률을 구하는 것이다. 설명을 하기 전에 예고를 해두자면, 이 문제의 답 역시 무리수와 관계가 있다. 도대체 어떤 무리수일까. 기대하시라.

　처음부터 n으로 생각하는 것은 어려우므로 남녀 네 명씩이었을 경우를 생각해보자. 1에서 4까지 번호가 표시된 공을 상자에 넣는 방법의 총수는 옆의 수형도를 보고 판단할 때 $4\times3\times2\times1$이다. 이제 이것을 놓고 상자의 번호와 공의 번호가 일치하는 경우가 하나도 없을 확률이 얼마인지를 계산하면 된다. 그러기 위해서는 앞의 2장에서 '뉴스캐스터의 패러독스'를 풀 때 사용한 덧셈공식을 이용하면 된다.

　그림을 보면 '1의 상자에 1번 공이 들어가는 사건'을 A, '2번 상자에 2의 공이 들어가는 사건'을 B, '3의 상자에 3번 공이 들어가는 사건'을 C, '4의 상자에 4번 공이 들어가는 사건'을 D라고 하자. 이때 최소한 한 쌍은 공의 번호와 상자의 번호가 일치하는 확률을 먼저 구해본다. 그것은 'A 또는 B 또는 C 또는 D'라는 사건(170쪽 그림에서 꽃잎과 같은 형태)의 확률이니까 P(A or B or C or D)가 된다. 그 다음 이것을 전체 1 에서 빼주면 그런 쌍이 하나도 만들어지지 않는 확률이 나온다. 이것을 계산하려면 겹치는 것에 주의하면서 덧셈과 뺄셈을 해나가면 된다.

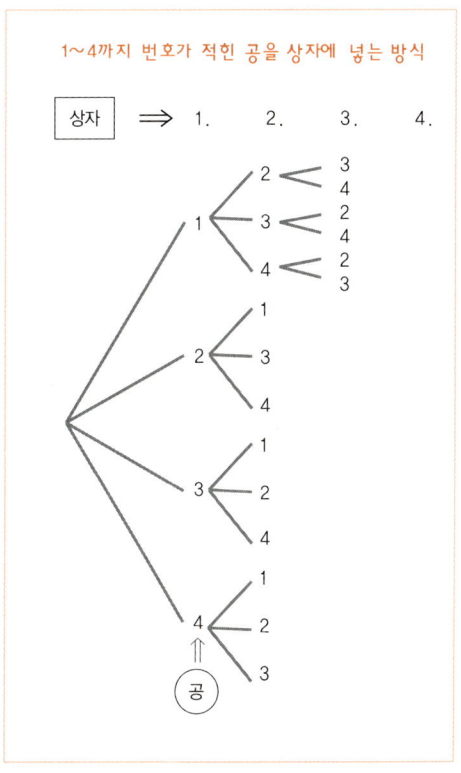

우선 우리가 구하려는 확률은 A 또는 B 또는 C 또는 D 중 하나만이라도 일어나면 되는 확률이니까 각각의 확률을 다 더하면 된다. 즉 P(A)+P(B)+P(C)+P(D)를 계산해보는 것이다. 1번 공이 1번 상자에 들어갈 확률 P(A)는 당연히 $\frac{1}{4}$이다. 다른 것도 마찬가지므로 다음과 같다.

$$P(A)+P(B)+P(C)+P(D)=\frac{1}{4}\times 4=1$$

그러나 이렇게 네 개의 확률을 더하면 A와 B가 둘 다 일어나거나 B와 D가 둘 다 일어나는 부분을 중복하여 셈한 결과가 된다. 그러므로 이러한 경우들의 확률을 다시 빼주어야 한다. P(A and B)

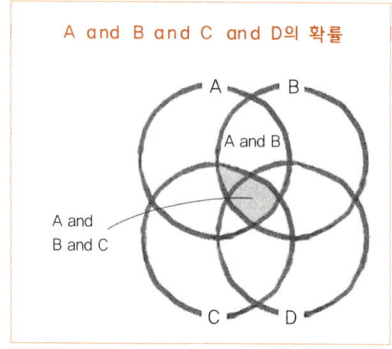

A and B and C and D의 확률

$+P(A \text{ and } C)+P(A \text{ and } D)+P(B \text{ and } C)+P(B \text{ and } D)+P(C \text{ and } D)$를 빼주어야 한다. 이것들 각각의 확률은 $\frac{1}{4} \times \frac{1}{3}$로 그것이 여섯 개 있으므로 여섯 배하면 $\frac{1}{12} \times 6 = \frac{1}{2}$이다. 이것은 $\frac{1}{2} \times \frac{1}{1}$로 표시할 수 있다.

그러나 여기서 계산을 끝내면 지나치게 많이 뺀 것이 된다. 예를 들어 P(A and B and C)의 부분은 3회 빼버리는 게 되므로 이것은 한 번 더 많이 빼는 것이 된다. 다른 경우도 마찬가지이다. 그래서 P(A and B and C)+P(A and B and D)+P(A and C and D)+P(B and C and D)를 보충한다.* 각각의 확률은 $\frac{1}{4} \times \frac{1}{3} \times \frac{1}{2}$이고 네 개를 합치면 $\frac{1}{3} \times \frac{1}{2}$이 되는데, 이것은 $\frac{1}{3} \times \frac{1}{2} \times \frac{1}{1}$로 표시할 수 있다. 마지막으로 또 한 번 초과로 더해진 부분이 남아 있다. A and B and C and D 부분이다. 그래서 P(A and B and C and D) = $\frac{1}{4} \times \frac{1}{3} \times \frac{1}{2} \times \frac{1}{1}$을 빼주면 완성이다.* 따라서 우리가 구하는 '한

---

* 확률을 더할 때 각 사건의 확률은 1회만 더해져야 한다. 그런데 A, B, C를 각각 1회 더했을 때 A and B, B and C, C and A 부분은 각각 2회 더해진 결과가 되므로 다시 1회를 빼준 것이다. 한편 A, B, C를 각각 1회 더할 때 A and B and C 부분은 3회가 더해진 결과가 되므로 2회를 다시 빼줘야 한다. 그런데 A and B, B and C, C and A를 각각 1회씩 빼면 그 과정에서 A and B and C는 3회를 뺀 결과가 되므로 1회를 나중에 더해주어야 한다.

커플도 이뤄지지 않을' 확률은 다음과 같다.

$$1-\left(1-\frac{1}{2}\times\frac{1}{1}+\frac{1}{3}\times\frac{1}{2}\times\frac{1}{1}-\frac{1}{4}\times\frac{1}{3}\times\frac{1}{2}\times\frac{1}{1}\right)$$

$$=1-\left(\frac{1}{1}-\frac{1}{1\times 2}+\frac{1}{1\times 2\times 3}-\frac{1}{1\times 2\times 3\times 4}\right)$$

이것은 다음과 같이 고쳐 쓸 수 있다.

$$1-\frac{1}{1!}+\frac{1}{2!}-\frac{1}{3!}+\frac{1}{4!}$$

그리고 이것은 n명의 경우로도 확대할 수 있다.

$$1-\frac{1}{1!}+\frac{1}{2!}-\frac{1}{3!}+\frac{1}{4!}-\cdots\cdots\frac{1}{n!}$$

그런데 신기하게도 다시 분모에 팩토리얼이 나타나고 있지 않은가. 그렇다면 이것은 오일러 수와 관계가 있을지 모른다. 물론 있다. 앞에서 소개한 지수함수 e^x에서 x 부분에 (-1)을 대입해보자.

---

* A, B, C, D 각각을 1회 더했을 때 A and B and C and D 부분은 4회 더해진 결과가 되므로 3회를 빼주어야 한다. 그런데 A and B, A and C, ······ 총 6부분을 1회씩 빼줄 때 A and B and C and D 부분은 6회를 뺀 결과가 된다. 따라서 3회를 다시 더해주어야 한다. 그런데 A and B and C······ 총 네 부분을 1회씩 더해줄 때 A and B and C and D 부분은 4회를 더한 꼴이 되므로 다시 1회를 빼주어야 한다.

$$e^{-1} = 1 - \frac{1}{1!} + \frac{1}{2!} - \frac{1}{3!} + \frac{1}{4!} - \cdots \cdots \frac{1}{n!}$$

여기서 e^{-1}은 $\frac{1}{e}$, 즉 오일러 수의 역수다. 즉 미팅이 완전히 실패할 확률은 인원수 n이 충분히 많다면 거의 오일러 수 e의 역수, 즉 1÷2.71828······=0.367······이 된다. 미팅이 완전히 실패할 확률은 대략 37퍼센트인 것이다. 이러한 부분에서도 무리수가 세력을 떨치고 있다는 게 재미있지 않은가.

재미로 풀어보는 미팅 문제

지금 당신이 (앞에서 설명한 규칙에 따라 진행되는) 미팅을 기획하고 있다고 치고 현재 남녀 각각 아홉 명씩이 참가할 예정이라고 하자. 그런데 미팅 당일 남녀 각각 한 명이 자기들도 어떻게든 참가할 수 있게 해달라고 신청을 해왔다. 당신은 이들을 참석시켜도 좋고 거절해도 좋지만, 커플이 성립할 확률이 커지면 참가를 허락하고 그렇지 않으면 거절하려고 한다.

자, 당신은 참가를 허용해야 할까, 거절해야 할까?

문제의 답

미팅 실패 확률을 아까의 공식에서 구해보자.

$n=9$일 때는 $1 - \frac{1}{1!} + \frac{1}{2!} - \frac{1}{3!} + \frac{1}{4!} \cdots\cdots - \frac{1}{9!}$

$n=10$일 때는 $1 - \frac{1}{1!} + \frac{1}{2!} - \frac{1}{3!} + \frac{1}{4!} \cdots\cdots - \frac{1}{9!} + \frac{1}{10!}$

이 된다. 즉 참가 인원이 아홉 쌍에서 열 쌍으로 늘어나면 $\frac{1}{10!}$의 크기만큼 '실패 확률이 증가한다'. 따라서 당신은 참가를 거절해야 한다.

8. 말발굽에 차여 죽은 병사의 이야기

프랑스의 수학자 푸아송이 발견한 확률 현상

19세기 프러시아의 통계학자 볼트키에비치는 1875년부터 1894년까지 20년 동안 200개의 기마부대를 조사하여 '말에 차여 죽은 병사'의 수에 대한 통계를 만들었다. 그것은 오른쪽 표와 같았다. 이것을 그래프로 그리면 오른쪽 그림과 같다. 계산해보면 한 부대당 20년 동안에 발생하는 사망자의 평균값은 약 0.61이 나온다. 이것은 매우 작은 숫자이므로 말에 차여 죽는 일은 매우 드문 현상이라고 할 수 있다.

그러나 이와 같은 '보기 드문 현상에도 수학의 법칙이 작용하고 있다'. 수학자 푸아송은 1835년 발표한 논문에서 다음과 같은 확률 현상을 보고했다.

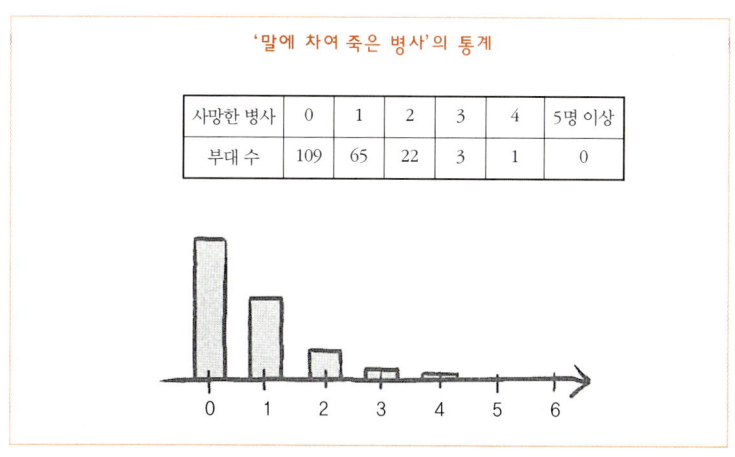

확률적으로 결정되는 변수 Y가 k라는 값을 취할 확률은 $\dfrac{m^k}{k!}$에 비례한다.

이와 같은 확률적인 변수 Y를 '푸아송 분포를 하는 확률 변수'라고 한다. 여기서 m은 이 확률의 평균값이다. 그런데 바로 위에서 이야기한 '한 부대에서 말에 차여 죽은 병사의 수'라는 확률 현상이 바로 이 푸아송 분포에 해당된다.

Y가 푸아송 분포를 하는 확률변수이며 그 평균값이 0.61이라고 한다면 Y의 수치(k)가 각각 0, 1, 2, 3, 4, 5가 될 확률의 비가 어떻게 될지를 위의 공식에 대입해보면 다음과 같다.

$$\frac{1}{0!} : \frac{0.6}{1!} : \frac{0.6^2}{2!} : \frac{0.6^3}{3!} : \frac{0.6^4}{4!} : \frac{0.6^5}{5!}$$

이것을 계산하면 다음과 같다.

1.000 : 0.600 : 0.180 : 0.036 : 0.005 : 0.0006

한편으로 실제 말에 차여 죽은 사람 수의 비례관계는 표의 숫자를 부대의 수 109로 나누면 1.000 : 0.596 : 0.201 : 0.027 : 0.009 : 0.000이 된다. 이것은 대략 위의 공식으로 계산한 비례와 같다고 판단해도 좋다. 말에 차여 죽는 것과 같은 우연의 극치라 할 수 있는 확률 현상에도 수학법칙이 나타나고 있는 것이다.

그런데 푸아송 분포의 확률을 나타내는 비례식인 $\frac{m^k}{k!}$를 다시 한 번 뚫어져라 보면 뭔가 낯익은 형태가 보이지 않는가. 이것은 분모가 k의 팩토리얼이고 분자가 m의 k제곱이므로 오일러 수의 지수함수의 각 항이라는 것을 알겠는가. 그렇다. 이들의 값을 전부 더하면 e^m이 된다. 말에 차여 죽는 사람도 오일러 수 e의 영향 아래 있단 얘기다.

이 푸아송 분포는 여러 현상에서 관찰할 수 있다. 일정한 시간 간격을 두고 특정 장소에서 교통사고가 발생하는 건수나 특정 담배 가게에 담배를 사러 오는 손님의 수, 또는 한 시간 동안에 걸려올 전화의 횟수 등이 모두 푸아송 분포를 따르는 것으로 알려져 있다.

재미로 풀어보는 푸아송 분포

당신이 사랑하는 사람이 변덕쟁이라면 일주일 동안 메일을 보내오는 횟수는 평균해야 한 번뿐인 푸아송 분포를 따른다. 요컨대 좀처럼 메일을 보내는 일이 없다는 얘기다.

자, 그렇다면 이 상대가 행복하게도 일주일 사이에 네 번이나 메일을 보내올 가능성보다 슬프게도 일주일 내내 한 번도 메일을 보내지 않을 가능성은 몇 배나 더 클까.

문제의 답

상대가 일주일에 보내오는 메일의 횟수 Y가 평균 1인 푸아송 분포를 따르므로 Y=0일 확률과 Y=4일 확률의 비는 $\frac{1}{0!} : \frac{1}{4!} = 24 : 1$이다. 슬프게도 24배나 많다.

9. 오차 속에 숨은 기똥찬 함수 이야기

오차에도 법칙이 있는 것을 알아차린 갈릴레이

사물에 대한 관측이나 계측에는 오차가 따라붙는다. 이것은 아마도 그 옛날 고대의 사람들도 알고 있었을 것이다. 그러나 그 관측 오차에 법칙이 숨어 있다는 것은 아마도 몰랐을 것이다. 그것을 규명하기까지 수천 년의 시간이 걸렸다. 오차의 법칙에 대한 연구는 천체 운행을 정밀하게 관측할 필요에서 발전하였다.

처음으로 오차의 법칙을 알아차린 이는 갈릴레이다. 갈릴레이는 관측값이 진짜 값에 대해 좌우대칭으로 분포한다는 것, 진짜 값에 가까운 관측값은 매우 많은 반면 진짜 값에서 먼 관측값은 매우 드물게 나온다는 것, 이 두 가지 법칙을 기록했다.

하나하나의 오차값이 관측되는 빈도를 그래프로 그려보면 위의 그림처럼 종 모양이 된다. 이 그래프가 어떤 함수로 표현되는지 알

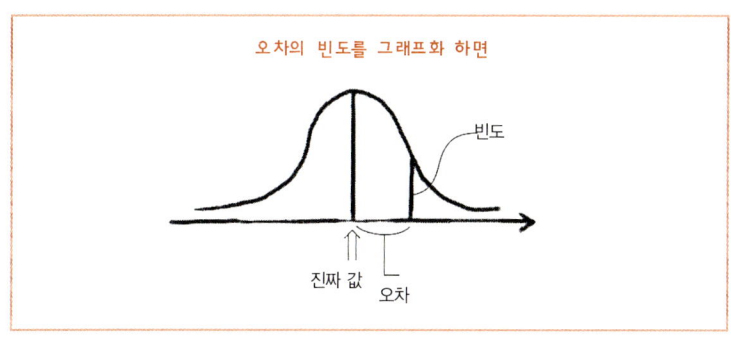

아내는 것은 매우 흥미롭다. 바로 이 함수의 식을 규명한 것이 미국의 로버트 에이드리언과 독일의 가우스다. 딱딱한 식이지만 한번 써보도록 하자.

$$f(x) = \frac{1}{\sqrt{2\pi}\sigma} e^{-\frac{(x-\mu)^2}{2\sigma^2}} \cdots\cdots ①$$

이 식을 세세하게 해명할 필요는 없지만 그래도 주목해서 볼 부분이 두 군데 있다. 하나는 무리수 π가 들어 있는 점, 또 하나는 오일러 수의 지수함수가 주역이라는 점이다. 이 함수를 '가우스분포' 혹은 '정규분포'라고 한다. '애매함'이나 '불확실성'을 표현하는 '오차'라는 현상의 배후에 원주율이나 오일러 상수와 같은 무리수가 숨어 있다는 것은 경이롭다.

이 딱딱한 식은 어느 날 갑작스레 등장한 것이 아니라, 드무아브르나 라플라스가 이미 발견한 것이다. 그들은 동전을 한 번에 N개 던져서 x개가 앞면이 나올 확률을 x의 함수로서 막대그래프로 그려보았다. 이때 N을 늘려서 동전 던지기를 하면 막대그래프가 더 세밀해진다. N을 더 크게 하면 점차 일정한 매끄러운 그래프에 가까워진다는 사실을 발견했다.

그리고 그 그래프의 함수를 수학적으로 해석하여 그것이 앞의 식 ①임을 증명한 것이다. 단, N을 늘려갈 때 변수 x의 단위를 변환해야 한다. 앞에 랜덤워크에서 소개한 $\sqrt{N}$법칙의 그 $\sqrt{\frac{N}{2}}$ 가 한 단위가 되게끔 단위를 사용하는 것이다. 이 그래프의 모양은 다음과 같다.

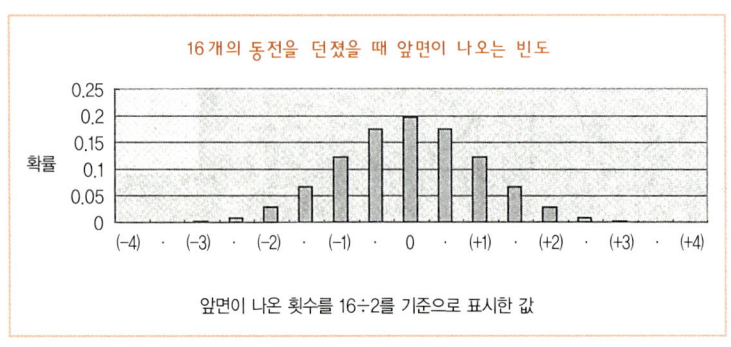

모든 불확실한 현상에 나타나는 정규분포 함수

오차를 지배하는 정규분포 함수는 많은 수의 동전을 던질 때만이 아니라 모든 불확실한 현상에서 공통으로 나타나는 함수다.

예를 들면 다량의(N개의) 주사위를 던져 나온 눈의 산술평균들을 $\sqrt{N}$을 단위로 하여 잰 다음, 그 산술평균들이 x가 될 확률을 함수

$f(x)$라고 하자. 이 $f(x)$ 역시 정규분포 함수 ①이 되는 것이다.

그것만이 아니다. 실은 어떠한 불확실한 현상이라도 대량으로 시행하여 집계해 그 시행에서 나온 수치의 산술평균값들을 빈도그래프로 표시하면 반드시 정규분포 함수에 가깝게 그려진다는 것이 20세기에 이르러 증명되었다.

이것을 '중심극한정리'라고 한다. 모든 불확실한 현상이 하나의 형태로 수렴되는 것은 실로 놀랄 만한 일이다. 그리고 그 이상향의 함수를 무리수 π와 e가 관장하고 있다는 것은 더욱 굉장한 일이다.

중심극한정리는 하나 더 중요한 결과를 그 내부에 품고 있다. N개의 동전을 던질 때 앞면이 나오는 개수의 빈도그래프는 N을 크게 해가면 정규분포의 형태에 가까워져간다. 그것만이 아니라 종 모양의 산 형태가 점점 날카롭고 가팔라지고 그래프 밑의 산기슭 부분이 얇아지는 현상도 동시에 발생한다. 그 모습을 그린 것이 아래의 그림이다.

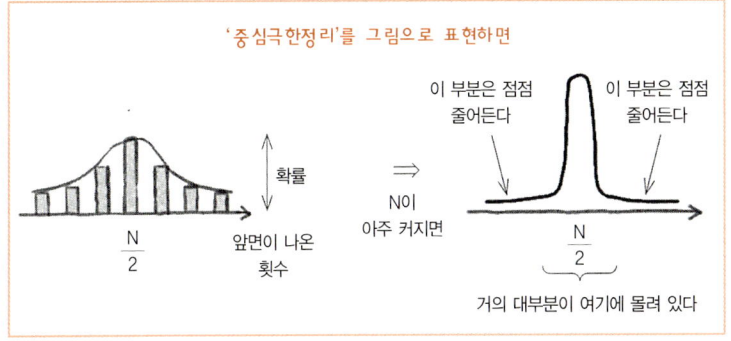

이것은 어떠한 의미일까? 한 번에 던지는 동전의 개수 N을 많이 늘리면 동전의 앞면이 나오는 개수는 매번 거의 N의 반에 가까운 값이 되며, 거기에서 멀리 벗어나는 경우는 매우 드물어진다는 것을 의미한다. 이것은 바로 앞에서 해설한 '대수의 법칙'이다. 다소 딱딱한 표현을 한다면 '여러 번 시행한 결과 얻은 산술평균값은 1회 시행 시의 기댓값과 비슷하다'는 얘기다.

재미로 풀어보는 중심극한정리

고급 공무원 시험에 출제된 어려운 문제다. 엉뚱할 정도로 어려운 문제인데 어떤 의미에서는 확률론의 본질을 짚고 있는 좋은 문제이기도 하다. 주사위를 던져서 나온 눈의 수만큼 계단을 올라가서 멈추고, 다시 주사위를 던져서 나온 눈의 수만큼 계단을 더 올라간다. 이것을 반복하는 게임을 하자. 어렸을 때 가위바위보로 계단 올라가기를 했다. 이긴 쪽이 자신이 낸 가위바위보 소리를 외치면서 단을 올라갔다.

이제 계단의 아주 위쪽에 있는 단을 무작위로 지정한다면, 이 게임에서 그 단까지 올라가 멈춰 설 확률은 얼마일까? 힌트는 대수의 법칙이다. 주사위를 대량으로 던질 경우 여섯 개의 면에 어떤 일정한 수 하나만 표시되어 있는 것과 동일시할 수 있다. 이렇게 생각하면 어려운 계산 없이 답을 단번에 낼 수 있을 것이다.

문제의 답

만약에 주사위 모든 면에 2만 표시되어 있다고 하자. 이 주사위를 가지고 게임을 하면 특정 단에 멈춰 설 확률은 얼마일까? 멈춰 설 계단은 한 계단 걸러서 오기 때문에 무작위로 고른 임의의 계단에 멈춰 설 확률은 0.5가 된다. 그러면 모든 면에 3이 그려져 있다면 어떻게 될까? 계단은 세 계단마다 멈춰 서게 될 것이므로 특정 계단에 멈춰 설 확률은 3분의 1이다. 확률은 면에 표시된 수의 역수가 된다.

자, 1에서 6까지 눈이 그려진 주사위를 많이 던질 때는 모든 면에 어떤 숫자가 표시된 주사위로 간주할 수 있을까. 대수의 법칙에 따라 1에서 6까지의 수에 각 수가 나올 확률 6분의 1을 곱한 다음 이것을 다 더한 수, 즉 3.5가 주사위를 많이 던졌을 때 나올 눈의 값의 평균값이 된다. 이것은 주사위를 많이 던져야 하는 이 게임에서 보통의 주사위 대신 모든 면에 3.5가 그려져 있는 주사위를 사용해도 결과가 같게 나온다는 뜻이다. 주사위를 아주 많이 던질 경우 보통의 주사위를 던지면 1의 눈이 나오거나 5의 눈이 나오면서 여러 가지 눈이 교대로 나오지만, 그 눈의 합은 눈이 계속 3.5가 나온 경우의 합과 거의 일치한다.

그러므로 우리가 하려는 이 게임에서는 모든 면에 3.5의 숫자가 그려진 주사위를 이용하고 있다고 생각해도 상관없다. 그렇다면 계단을 3.5단 올라갈 때마다 서게 될 것이므로 특정 계단에 멈춰 설 확률은 $\frac{1}{3.5}$, 즉 $\frac{2}{7}$가 될 것이다.

10. 주가는 브라운 운동을 한다?

취객의 걸음걸이의 확률분포와 정규분포 함수

만취한 사람의 걸음걸이를 설명하면서 엉망진창으로 걷는 A씨가 N걸음을 걸었을 때 A씨가 좌표상의 각 장소에 있을 확률을 막대그래프로 그린 바 있다. 그것을 다시 한 번 보도록 하자. 바로 앞에서 이야기한 그래프들과 같은 모양이라는 것을 알 수 있다. A씨가 많이 걸었을 때 A씨가 어느 장소에 있을 가능성이 높은지를 나타내는 확률분포의 그래프이기 때문에 정규분포 함수와 똑같은 모양이 나온 것이다. 즉 랜덤워크를 10분 하면 그 앞에는 정규분포 함수가 기다리고 있는 셈이다.

하지만 A씨가 있는 장소의 확률분포가 정규분포와 완전히 닮은 꼴이 되기 위해서는 A씨가 정신이 멀어질 정도로 오래 걸어야 한다. 현실에서는 불가능한 일이지만 수학적인 조작성을 높이기 위해서는 A씨에게 무한대로 걷게 해야 한다. 바로 위너 등의 수학자가 그러한 시도를 하였다.

방법은 다음과 같다. A씨라는 취객을 꽃가루와 같은 미소(微小)한 물질로 치환하고, 엉망진창으로 걷는 발걸음의 움직임은 분자의 열운동과 같은 아주 미세한 움직임으로 치환한다. 이렇게 해서 얻어지는 미세하고 불규칙한 움직임을 바로 연속 브라운 운동이라고 한다.

연속 브라운 운동을 구성하는 구체적인 방법은 다음과 같다. A씨가 한 걸음 나아가는 데 필요한 아주 짧은 시간을 $\triangle t$라고 하고, 한 걸음에 나아가는 아주 작은 거리를 $\triangle x$라고 한다. 나아가 $\triangle t$가 항상 $\triangle x$의 제곱이 되도록 정해둔다. 그렇게 한 다음 A씨에게 랜덤워크를 시키는 것이다. 그 다음에 시간 간격 $\triangle t$를 짧게 하여 0에 근접시켜 간다(당연히 거리 간격 $\triangle x$도 0에 근접시켜 간다).

그러면 A씨의 갈지자걸음은 시간적으로나 보폭에서나 무한히 작은 잔걸음으로 변해간다. 그러면 결국에는 왔다 갔다 진동은 하지만 끊어지는 곳은 없다. 무한히 작게 꺾인 선 그래프가 되는 것이다. 이것이 연속 브라운 운동이며 발견자의 이름을 따서 '위너 과정(Wiener Process)'이라고도 한다.

이처럼 랜덤워크로 브라운 운동을 구성하면 좋은 점이 두 가지 있다. 첫째는 이미 말했듯이 한 걸음의 보폭이 무한히 작아져서 꺾이는 선에 끊어지는 부분이 없어지는 것이다. 전문적인 말로 표현하면 '그래프가 연속된다'고 한다. 둘째로, 어떤 구체적인 시각 T를 설정하여 A씨가 서 있는 위치의 확률분포를 구할 때 그 시각까지의

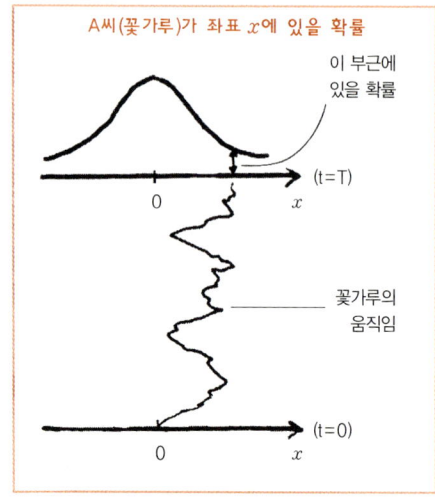

걸음 수가 무한하다고 이야기할 수 있으므로 늘 중심극한정리를 적용할 수 있는 장점이 있다. 즉 어떤 시각 T에 대해서도 A씨(꽃가루)가 좌표 x에 존재할 확률을 정규분포 함수의 그래프로 표시할 수 있다.

주식의 가격 변동이 브라운 운동을 한다는 솔깃한 가설

연속 브라운 운동은 원래 수학자나 물리학자들만 연구하는 주제였는데 곧 일반인들이 그 중요성을 주목하게 되었다. 주식의 가격 변동이 브라운 운동이라는 가설이 발표되었기 때문이다.

브라운이 브라운 운동을 발견한 것은 19세기 초반이었다. 그것을 1905년 아인슈타인이 수학적으로 정식화하였다. 논문을 발표하기 전에 이미 프랑스의 수학자 루이 바실리에(Louis Bachelier)가 1900년 박사논문 「투기의 이론」에서 "주식시장의 주가 동향이 브라운 운동일 것"이라는 뛰어난 분석을 내놓았다. 이러한 인식이 점차 금융이론의 주류를 점하게 되면서 오늘날 브라운 운동은 자산가

격이론에서 빼놓을 수 없는 요소가 되었다.

여러 가지 통계 수법을 사용하여 '주가(의 수익률)는 브라운 운동을 한다'는 가설을 검증한 결과, 어떤 방법을 사용해도 이 가설이 틀렸다는 것을 입증할 수 없었다. 통계학이라는 것은 어떤 가설을 '긍정한다'는 것이 불가능하고, 기본적으로 '부정한다', 혹은 좀더 부드럽게 표현하자면 '성립하지 않을 가능성이 높다'는 형식으로 결론을 낼 수밖에 없다. 바실리에의 가설은 '성립하지 않을 가능성이 높다고는 말할 수 없다'는 이중부정에 의해 지지받게 된 것이다.

'주가가 브라운 운동을 한다'는 가설은 어떤 의미에서는 그렇게 놀라운 가설이라고는 말할 수 없을 것이다. 어느 기업이 거둘 미래의 성과를 예상할 때 다수의 투자가들은 저마다 다양한 의견을 내놓는다. 그것은 말하자면 미래를 관측할 때 발생할 수밖에 없는 '관측 오차' 같은 것이라고 할 수 있고, 관측 오차는 일반적으로 가우스가 발견한 정규분포가 될 것이기 때문이다.

그러나 이 가설에 부정적인 학자도 적지 않다. 엄밀하게 조사를 하면 주가의 빈도 분포는 정규분포와는 모양이 좀 다르다는 사실이 보고되고 있다. 또 일부 경제학자들은 경제는 랜덤워크와 같은 단순한 확률적 요인에 의해 변동하는 것이 아니고 좀더 복잡한 메커니즘의 지배를 받고 있다고 말한다.

재미로 풀어보는 브라운 운동

x축 상의 점 P가 원점을 출발하여 위너 과정의 브라운 운동을 한

다고 가정하자. 이것은 앞서 말했듯이 취객이 무한히 미세하게 연속적 걸음(랜덤워크)을 걷는 것과 같다. 이때 시각 T에서 점 P의 위치는 확률적으로 분포하게 되는데, 그 평균은 0이고 표준편차는 시각 T의 제곱근에 비례한다. 좀더 쉽게 말하면 점 P는 평균하면 처음의 위치, 즉 $x=0$에 존재하고 거기서부터 대략 $\sqrt{T}$ 정도 떨어져 있다고 보아도 좋다는 의미다. 다시 말하자면 시각 T일 때 점 P의 위치는 거의 $x=0$이라고 예상해도 좋지만 그 예상 오차는 $\sqrt{T}$ 정도의 크기가 된다는 이야기다. 자, 지금 당신은 미래의 점 P의 위치를 일정한 오차 범위 안에서 예상하여 뭔가에 대비해야 한다고 치자. 2개월 후를 예측할 때의 오차 범위는 1개월 후를 예측할 때의 오차 범위보다 얼마나 더 크게 해야 할까.

문제의 답

예측 오차는 시각 T의 제곱근 $\sqrt{T}$에 비례한다. 따라서 경과 시간이 두 배가 되면 당연히 예측 오차의 범위는 $\sqrt{2}$배로 넓어진다. $\sqrt{2}$는 1.414……이므로 오차 범위를 1.4배 정도로 넓혀야 한다.

예를 들어 지금 소지하고 있는 1000만 원어치의 주식이 1개월 후에 현재가 기준 ±10만 원 정도 변동할 것으로 추정된다고 치자. 그렇다면 2개월 후 주가의 변동 폭은 현재가 기준 ±14만 원 정도로 상정해야 한다는 이야기다.

11. 〈쥬라기 공원〉에서 발견할 수 있는 카오스 이론

고전 물리학의 결정론적인 세계관에 대한 반론

스필버그 감독은 획기적인 영화를 많이 찍어왔다. 1장에서도 그가 찍은 명작 〈ET〉를 소개했지만 그 뒤로도 여러 훌륭한 작품으로 영화의 역사를 새로 썼다. 특히 1993년은 그에게 특별한 해가 되었다. 영화 〈쥬라기 공원〉이 전 세계에서 대 히트를 쳐서 자신이 찍은 영화 〈ET〉가 올린 흥행 기록을 깼기 때문이다.

무엇보다도 〈쥬라기 공원〉은 마이클 크라이튼이 쓴 원작이 훌륭했다. 고대의 호박 화석에서 발견된 모기 속에는 공룡에게서 빨아들인 혈액이 남아 있었다. 사람들은 그 피의 DNA를 해독한 후 바이오테크놀로지를 이용하여 공룡을 재생시킨다. 이후 이 공룡들을 거대한 레저 단지에서 방목하면서 컴퓨터로 관리하려 했는데, 이상이 생겨 제어가 불가능해지면서 비극이 일어난다. 이러한 기상천외

하고 재미있는 스토리를 영화로 만들었으니 히트한 것은 당연하지 않을까.

크라이튼은 이 소설에서 유전공학이나 고생물학에 관한 광범위한 지식을 보여주었을 뿐 아니라 최신 수학에 대한 조예도 보여주었다. 그가 인용한 수학은 그야말로 최첨단인 카오스 이론이다.

〈쥬라기 공원〉에는 중요한 등장인물로서 이언 말콤이라는 수학자가 나온다. 영화에서는 인상파 배우 제프 골드블럼이 연기했다. 골드블럼은 데이빗 크로넨버그 감독의 리메이크 호러영화 〈더 플라이〉에서 플라이맨을 훌륭하게 연기해서 호평을 받기도 한 개성파 배우다. 그가 연기하는 수학자 말콤은 카오스 이론을 연구하고 있다.

카오스 이론이란 '비교적 간단한 규칙의 지배를 받는 불규칙 운동'을 연구 대상으로 하는 수학 이론이다. 카오스 이론에서는 '자연에는 불안전성이 내재해 있다'고 이야기한다. 그것이 무슨 말일까?

카오스 이론은 고전물리학이 가져다준 결정론적인 세계관에 대한 반론으로 나타난 이론이라고 해도 좋다. 뉴턴이 획기적인 운동방정식을 발견한 이래, 지구상의 물체 운동이나 천체의 혹성 운동은 거의 완전히 예측할 수 있게 되었다. 역학의 미분방정식을 풀면 어떤 것의 미래의 위치와 속도 그리고 거기에 이르는 궤도를 정확히 예측할 수 있기 때문이다.

또 이 방법론은 분자운동론으로 열 현상에도 응용되면서 인간을 둘러싼 자연현상은 원리적으로는 모두 예측할 수 있다는 생각이 자리 잡았다. 인간의 의식도 두뇌 물질의 화학반응이라고 한다면 인간의 운명 또한 결정되어 있는 셈이었다.

이와 같은 운명론적인 인식 방법을 '라플라스의 악마'라고 부른다. 수학자 라플라스는 우주가 생겨난 빅뱅의 초기 설정 값을 알 수 있다면 그 다음은 방대한 뉴턴의 연립 미분방정식을 풀어냄으로써 우주에서 일어날 모든 일을 정확히 예측할 수 있다고 주장했다. 이 능력을 가진 악마를 '라플라스의 악마'라고 부른 것이다.

라플라스 시대의 분위기를 알 수 있는 좋은 에피소드가 있다. 라플라스는 나폴레옹에게 "당신 책에는 신에 대한 이야기가 씌어 있지 않은 것 같은데 어찌 된 일인가?"라는 질문을 받고 "제 이론에는 그와 같은 가설은 필요없습니다"라고 당당하게 답했다고 한다.

초깃값의 미세한 차이가 커다란 결과의 차이를 낳는다

그런 수학자의 자만에 대한 '현실'의 반격은 아주 가까이 다가와 있었다. 푸앵카레는 19세기 말에 이미 그 반격의 그림자를 밟고 지나갔다. 뉴턴은 두 행성이 중력으로 서로 잡아당길 때 서로 안정되게 움직인다는 것을 미분방정식을 풀어 확인했다.

태양과 지구의 관계도 그렇다. 달은 지구 옆에 있지만 크기가 작기 때문에 그 영향은 무시할 수 있다. 푸앵카레는 뉴턴의 연구를 확장하여 세 행성이 서로 잡아당길 때의 운동방정식을 풀려고 했다. 거기서 푸앵카레는 놀라운 발견을 하였는데, 그것은 세 행성 간의 상호작용은 두 행성 간의 상호작용과는 전혀 달라서 그 움직임이 불안정하여 취객의 흐트러진 걸음처럼 움직이며 경우에 따라서는 태양계에서 튀어 나갈 수도 있다는 것이었다.

푸앵카레의 연구를 계승한 수학자들은 행성의 공전주기가 $\frac{1}{2}$이나 $\frac{2}{3}$와 같은 유리수의 비(比)일 때 궤도가 파괴되고 불규칙한 운동이 일어난다는 사실을 규명했다. 그리고 토성의 테를 구성하는 소행성을 조사한 결과 마침 유리수의 비에 해당하는 궤도가 일부 빠져 있다는 사실이 발견되면서 이 이론이 실증되기에 이르렀다.

이와 같은 불규칙성에 대한 발견과 연구는 20세기 들어 다시 주목받게 되었다. 기상학자 로렌츠가 기상 현상의 기본이 되는 네이비어-스톡스(Navier-Stokes)의 방정식을 단순화하여 컴퓨터 시뮬레이션을 해보다가 신기한 사실을 발견한 것이다.

초기 설정 값을 아주 조금 바꾼 것만으로도 기상의 변화 과정이 크게 달라진다는 것이었다. 즉 온도, 기압, 바람, 풍향 등에 아주 작은 차이만 주었을 뿐인데도 기상의 전개 양상이 얼마 안 가서 아주 극적으로 달라져버린 것이다. 이러한 성질을 '초기 민감성'이라고 한다. 아주 작은 초깃값의 차이가 결과에 커다란 차이를 일으킨다. 이것을 '버터플라이 이펙트', 즉 '나비효

라플라스의 악마

과' 라고 한다. '베이징에서 나비가 날갯짓을 하면 뉴욕에서 폭풍이 일어난다'는 비유에서 유래된 별명이다.

〈쥬라기 공원〉의 수학자 말콤은 이러한 카오스 이론에 근거하여 자연은 제어하기 어렵다는 점을 지적하고 쥬라기 공원의 파경을 예언한 것이다.

재미로 풀어보는 카오스

카오스를 낳는 간단한 시스템에 '파이 반죽 변환'이라는 것이 있다. '파이 반죽 변환'이라는 것은 파이의 밀가루 반죽을 밀대로 밀어 두 배로 늘린 후 다시 반으로 접어서 원래의 크기로 돌아오게 하는 일을 거듭하는 작업이다.

이것을 수학적으로 표시하면 다음과 같은 함수 $f(x)$를 얻을 수 있다.

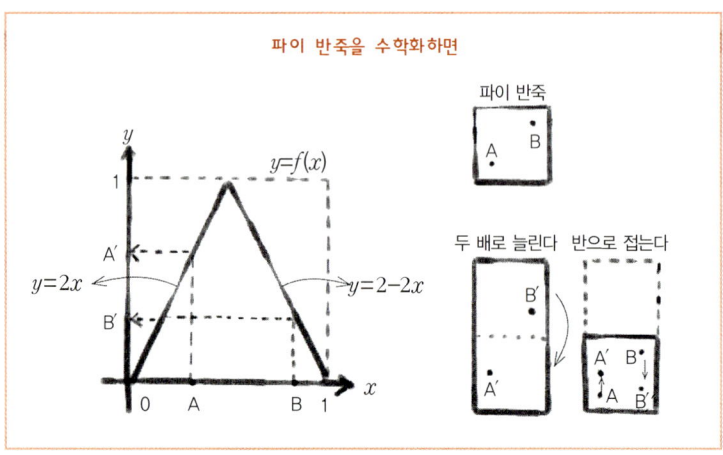

$$f(x) = \begin{cases} 2x & (0 \leq x \leq 0.5) \\ 2-2x & (0.5 < x \leq 1) \end{cases}$$

이것은 입력값 x가 0.5 이하일 때는 그대로 두 배하여 결과를 내고, 입력값 x가 0.5보다 클 때는 두 배한 값을 2에서 뺀 결과를 내는 것이다.

함수 $f(x)$의 그래프는 위의 그림과 같다. 이 그래프를 보면 알겠지만 x에 두 배를 하면 y값이 1보다 커져 위로 삐져나오는 $x \geq 0.5$인 영역에서는 그래프를 뒤집어 1보다 작은 값으로 돌려놓는 것이다.

이 함수에 0과 1 사이의 수 x_1을 대입하여 나온 값을 x_2라 하고 그 x_2를 다시 이 함수에 대입하여 얻은 수를 x_3라 하고, 이하 이 작업을 반복하여 수열 $x_1, x_2, x_3, x_4 \cdots\cdots$를 만들면 (초깃값이 어떠냐에 따라) 카오스가 발생한다는 것이 증명된다.

파이 반죽은 파이를 만드는 기술자가 재료가 골고루 잘 섞이도록 하는 것이므로 그 결과가 카오스가 된다는 것은 상상하기 어렵지 않다. 만약 초깃값에 민감하지 않다면 반죽 가운데 버터가 많이 섞여 있는 부분만 계속해서 버터가 많은 채로 남아 있게 된다. 그러나 초기 민감성 때문에 처음에는 한곳에 몰려 있던 버터가 차차 곳곳으로 빈틈없이 퍼져나가는 것이다. 인간은 카오스를 생활의 지혜로서 이용하고 있는 셈이다.

자, 이제 파이 반죽 변환을 직접 경험해볼 수 있는 다음 문제를 풀어보자. 물론 문제 (1)과 (2)를 푸는 과정에서 전자계산기를 사용해도 좋다.

(1) 초깃값 x_1을 0.11로 하고 수열 $x_1, x_2, x_3, x_4 \cdots$를 가능한 한 많이 만들어보라.

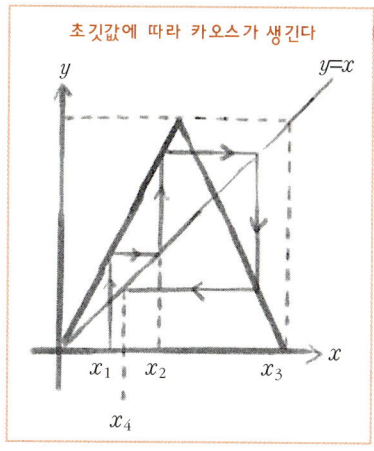

초깃값에 따라 카오스가 생긴다

(2) 초깃값 x_1을 0.12로 하여 수열 $x_1, x_2, x_3, x_4 \cdots$를 가능한 한 많이 만들어보라.

(3) 파이 반죽 변환에서 변하지 않는 수, 즉 $f(x) = x$가 되는 수를 구하라.

(4) 파이 반죽 변환에서 2주기가 되는 수, 즉 $f(f(x)) = x$가 되는 수를 구하라.

[그림 1] 문제 (1)과 (2)의 답

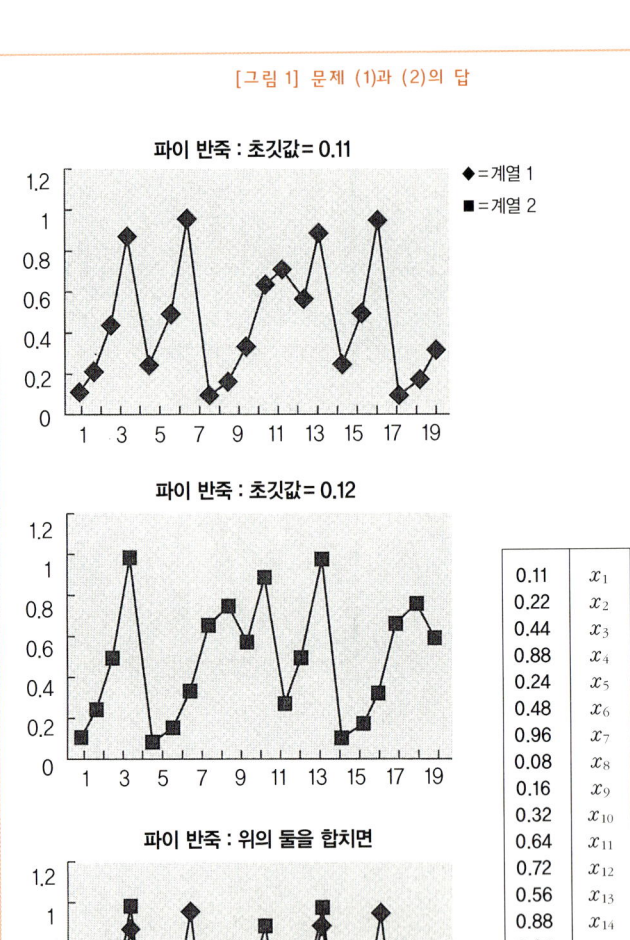

문제의 답

문제 (1)과 (2)의 답은 왼쪽 〔그림 1〕대로이다.

문제 (3)은 그래프에서 $y=f(x)$와 $y=x$의 교점을 구하면 되므로 오른쪽 〔그림 2〕의 교점 A와 B를 구하면 된다. A는 방정식 $2x=x$의 해로 $x=0$, B는 방정식 $2-2x=x$의 해로 $x=\frac{2}{3}$이다.

문제 (4)에서 $y=f(f(x))$의 그래프는 〔그림 3〕과 같다.

따라서 대각선인 $y=x$와의 교점을 구하면 되고 ABCD의 네 개가 있다. A와 B는 (3)의 답과 같다.

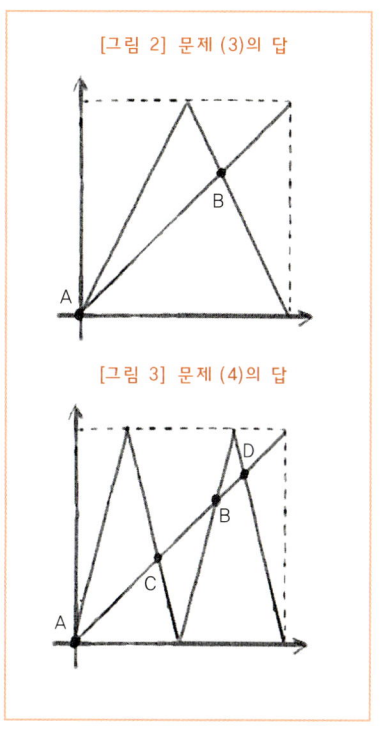

한 번 폈다 접었을 때도 제자리로 돌아오므로 2회 폈다 접었다 해도 역시 제자리에 있게 되는 것이다. 따라서 A와 B는 2주기의 점은 아니므로 빼야하며 C와 D가 우리가 구하는 점이다.

C의 값은 방정식 $2-4x=x$를 풀어서 $x=\frac{2}{5}$, D의 값은 방정식 $4-4x=x$를 풀어서 $x=\frac{4}{5}$이다.

12. 마이마이 모기의 번식 메커니즘

생명현상의 근간을 지배하는 카오스

카오스 현상이 아주 단순한 형태로 발견된 것은 1970년대의 일이다. 그것은 모기의 일종인 마이마이의 번식을 시뮬레이션하는 로지스틱 함수*에서였다. 마이마이 모기의 현재 세대의 개체 수가 x일 때 차세대의 개체 수를 $f(x)$로 하면 다음과 같은 함수가 만들어진다 (단 $0 \leq x \leq 1$).

$$f(x) = kx(1-x)$$

---

* 생태학에서 개체군 성장의 단순한 모델로 고안한 함수. 혼돈이론(카오스 이론)의 초기 연구 대상으로 연구되어 현재는 생태학 뿐만 아니라 여러 분야에서 응용되어 쓰이고 있다.

이것은 모기의 번식을 단순화한 모델이다(개체 수의 최댓값은 1이 되도록 설정되어 있다).

지금 세대의 개체 수가 x이면 다음 세대에는 그 k배인 kx만큼(k는 증식률)의 유충이 태어나는데 개체 수가 너무 많아지면(개체 수가 1에 근접하면) 생존 환경이 악화되어 $(1-x)$만큼의 비율로밖에는 살아남지 못해 결국 차세대의 개체수는 $kx(1-x)$가 된다.

이 식을 이용하여 마이마이 모기의 개체 수를 순차 계산하는 방법은 '파이 반죽 변환' 때와 같다. 우선 최초의 개체 수 X_1(초깃값)을 0보다 크고 1보다 작은 수 중에서 적당하게 정하고, 그것을 우변에 대입한다. 이렇게 하면 $f(X_1)$값, 즉 제2기의 개체 수 X_2를 얻을 수 있다. 다음에 그 X_2의 수치를 또 우변에 대입하여 계산한다. 그렇게 하면

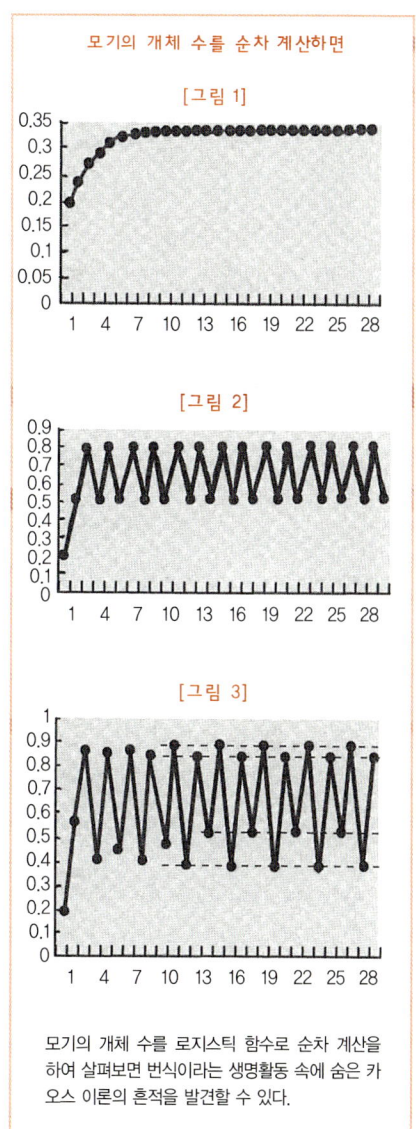

모기의 개체 수를 로지스틱 함수로 순차 계산을 하여 살펴보면 번식이라는 생명활동 속에 숨은 카오스 이론의 흔적을 발견할 수 있다.

$f(X_2)$ 값, 즉 제3기의 개체수 X_3을 얻을 수 있다. 이하 마찬가지다. 이 로지스틱 함수를 컴퓨터로 시뮬레이션한 생물학자 로버트 메이 (Robert May)는 멋진 발견을 했다. 정수 k가 1에서 3 사이의 값을 가질 때는 개체수가 차차 안정되어 일정한 개체 수로 근접해간다는 것이다([그림 1] 참조).

그러나 k가 3 이상이 되면 흔들림이 시작된다. k가 3에서 $1+\sqrt{6}=3.44\cdots\cdots$일 때 개체 수는 두 값의 개체 수 사이를 교대로 왔다 갔다 한다([그림 2] 참조).

이런 현상이 생기는 이유는, 증식률이 높아서 모기가 지나치게 늘어나면 다음 세대에는 생존 환경의 악화로 많은 모기가 죽어서 개체 수가 감소하고, 다시 그 다음 세대에는 개체 수가 적어진 만큼 생존 환경이 개선되어 다시 개체 수가 늘어나기 때문이다. 그런데

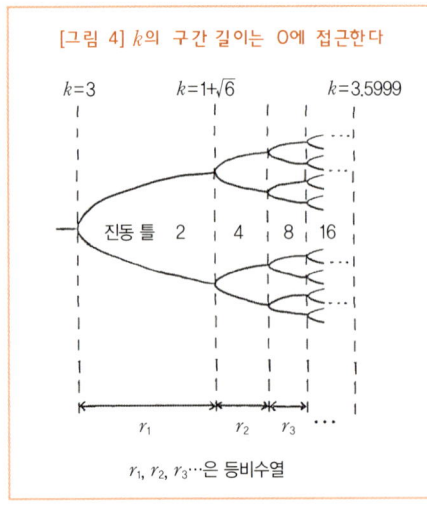

[그림 4] k의 구간 길이는 0에 접근한다

$r_1, r_2, r_3\cdots$은 등비수열

k값이 $1+\sqrt{6}=3.44\cdots\cdots$을 넘어서면 이번에는 네 개의 수치 사이를 순차 진동하면서 나아간다 ([그림 3] 참조).

계속해서 k가 조금씩 커지는데 따라서 진동 틀은 8개, 16개……로 두 배씩 더 잦은 횟수로 순차 교체되어간다. 진

동 틀이 많아지면서 움직임이 점점 더 무질서해진다.

그런데 여기서 중요한 것은 진동 틀이 두 개인 k의 구간 길이 r_1, 네 개인 k의 구간 길이 r_2, 여덟 개인 k의 구간 길이 r_3……은 등비수열을 이루면서 점차 0에 근접해간다는 사실이다([그림 4] 참조). 구체적인 수치로 말하면 다음 구간의 길이 $r_{(n+1)}$은 현재 구간의 길이 r_n에 1/4.669201……을 곱한 값이 된다. 이 4.669201……이라는 실수는 발견자의 이름을 따서 '파이겐바움 상수(Feigenbaum constant)'라고 한다.

0에 근접해가는 등비수열은 무한히 더해도 그 값이 유한한 값으로 끝난다는 것은 고등학교 수학에서도 배우는 것이다. 여기서도 마찬가지로 진동 틀이 두 개, 네 개, 여덟 개……로 늘어갈 때 그 구간을 이어가면 결국은 더는 앞으로 진행하지 못하고 어느 일정 지점에 접근하게 된다. 그 한계 지점에 대응하는 k가 3.5699……이다. 그리고 k가 이 실수 3.5699……에 달하면 매우 기묘한 일이 일어난다.([그림 5])

k가 이 값이 되면 마이마이 모기의 개체 수 X_n의 변동은 완전히 무질

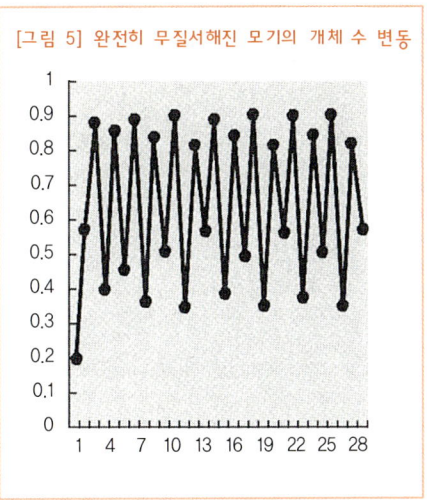

[그림 5] 완전히 무질서해진 모기의 개체 수 변동

서해진다. 이것은 진동 틀이 2, 4, 8……로 계속 배가하며 늘어난 끝에 결국 무한의 진동 틀을 갖기에 이르렀기 때문이다. 푸앵카레가 발견한 난류(亂流)와 유사한 현상이라고 말해도 좋을 것이다.

이와 같이 생명현상의 근간에는 카오스라는, 간단한 규칙에서 생기는 무질서가 지배하고 있으며 그 배후에 기묘한 실수(증명되지는 않았지만 아마도 무리수)가 있다는 것은 매우 흥미로운 일이다.

재미로 풀어보는 로지스틱 함수

앞서 본 로지스틱 함수를 사용하여 실제로 모기의 발생을 시뮬레이션해보자. 간단히 전자계산기를 이용하여 해봐도 좋다. 물론 엑셀 같은 프로그램을 사용할 수 있다면 더 간단히 계산할 수 있고 표나 그래프도 쉽게 만들 수 있다.

$$X_{n+1} = kX_n(1-X_n)$$

위의 로지스틱 함수를 이용해서 아래의 k 각각에 대해 $X_1 = 0.2$에서 시작하여 서른 번째인 X_{30}까지의 개체수를 계산해보는 것이다.

(1) $k=1.5$ (2) $k=3.2$ (3) $k=3.52$ (4) $k=3.569$

문제의 답

엑셀을 사용하여 개체 수를 산출하면 다음과 같다.

모기의 개체 수 산출 결과 및 그래프

	k=1.5	k=3.2	k=3.52	k=3.569
x_1	0.2	0.2	0.2	0.2
x_2	0.24	0.512	0.5632	0.57104
x_3	0.2736	0.799539	0.86594	0.874238
x_4	0.298115	0.512884	0.408629	0.392396
x_5	0.313863	0.799469	0.850613	0.850926
x_6	0.32303	0.513019	0.447289	0.452731
x_7	0.328022	0.799458	0.87022	0.884276
x_8	0.330636	0.51304	0.397539	0.365224
x_9	0.331974	0.799456	0.843046	0.82742
x_{10}	0.332651	0.513044	0.465764	0.509639
x_{11}	0.332991	0.799456	0.875874	0.891918
x_{12}	0.333162	0.513044	0.382689	0.344051
x_{13}	0.333248	0.799455	0.831558	0.805452
x_{14}	0.333291	0.513044	0.493043	0.559259
x_{15}	0.333312	0.799455	0.87983	0.879717
x_{16}	0.333323	0.513045	0.372168	0.377653
x_{17}	0.333328	0.799455	0.822479	0.838827
x_{18}	0.333331	0.513045	0.513945	0.482516
x_{19}	0.333332	0.799455	0.879315	0.891159
x_{20}	0.333333	0.513045	0.373542	0.346174
x_{21}	0.333333	0.799455	0.823709	0.807799
x_{22}	0.333333	0.513045	0.511148	0.554123
x_{23}	0.333333	0.799455	0.879563	0.881795
x_{24}	0.333333	0.513045	0.372882	0.372005
x_{25}	0.333333	0.799455	0.82312	0.83378
x_{26}	0.333333	0.513045	0.512489	0.494631
x_{27}	0.333333	0.799455	0.879451	0.892147
x_{28}	0.333333	0.513045	0.37318	0.343411
x_{29}	0.333333	0.799455	0.823386	0.804738
x_{30}	0.333333	0.513045	0.511883	0.560813

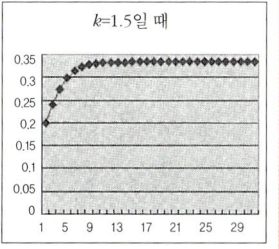

k=1.5일 때

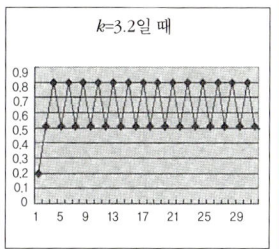

k=3.2일 때

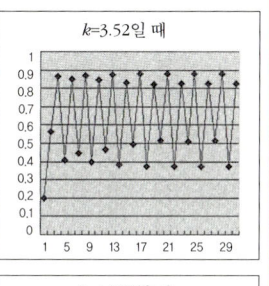

k=3.52일 때

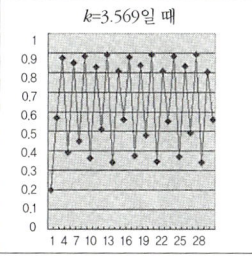

k=3.569일 때

13. 두 개의 얼굴을 가진 카오스 이론

물리학의 구세주가 된 카오스 이론

카오스는 라플라스가 주창한 '결정론적 세계관'을 무너뜨렸다. 우주 생성(빅뱅) 당시 모든 물질의 초기 상태를 모두 알고 있다고 해도 뉴턴의 방정식을 이용하여 미래를 완전히 예측하는 것은 '기술적으로 불가능'하다는 것을 보여준 것이다. 초깃값이 아주 미세하게 어긋나기만 해도 물질의 운동은 도중에 극적으로 변해버린다. 더군다나 그 과정을 수학적으로 해석하는 것은 매우 어렵다. 인간이 초깃값인 실수(實數)를 유한한 정확도로, 즉 대략적으로밖에 알 수 없는 이상, 미래를 높은 정확도로 예측하는 것은 불가능한 것이다. 그러나 역설적이게도 바로 그러한 한계가 물리학자를 구원해주었다.

열 현상을 연구하던 물리학자들은 분자의 운동법칙으로 열 현상을 설명할 수 있다는 것, 즉 열에너지는 분자의 운동에너지와 같다는 사실을 알아냈다. 기체가 뜨겁거나 차가운 것은 그것을 구성하는 분자들이 마구 돌아다니는 운동의 결과다. 그러나 물리학자들은 거기서 커다란 벽에 부딪혔다. 기체를 구성하는 분자의 개수는 1 뒤에 0이 23개나 붙을 정도로 많은데, 그것들 각각의 운동의 위치와 속도 그리고 분자의 충돌에 의한 변화 등을 어떻게 모두 뉴턴의 방정식으로 일일이 기술할 수 있는가.

그것을 다 기술할 수 있다고 해도, 이런 방대한 수의 연립방정식을 푸는 것은 슈퍼컴퓨터조차도 불가능한데 어쩔 것인가. 이 문제를 놓고 씨름하던 물리학자들은 집단의 성질을 기술하는 통계학을 이용하면 분자의 운동을 분석하고 열 현상을 해명할 수 있다는 결론에 도달했다. 실제로 통계적인 분석은 실험을 하는 데도 매우 적합했다.

그런데 통계학이라는 것은 기본적으로 어떤 현상이 불확실하고 불규칙적으로 생긴다는 것을 전제로 하여 구축된 학문이다. 즉 '무작위'가 갖는 법칙성을 추구하는 학문이다. 그렇기 때문에 물질의 운동에 통계학을 적용하는 것은 어떤 의미에서는 위험한 방법론이라고 할 수 있다.

왜냐하면 분자들의 행동은 뉴턴의 방정식의 지배를 받고 있어서 미래의 행동은 완전히 결정되어 있으며 결코 불확실하거나 무작위적이지 않기 때문이다. 그렇기 때문에 무작위를 전제로 한 통계학을 이용하여 분자의 운동을 분석하는 것은 뉴턴의 방법론과 모순될 가능성이 있는 것이다. 실제로 엔트로피 증대의 법칙을 둘러싸고 이 모순을 지적하는 논쟁이 터져나왔다.

바로 이러한 모순을 해결해줄 구세주로 등장한 것이 카오스 이론이다. 카오스는 결정론적인 시스템이면서도 어떤 불확실성을 표현한다. 결정론과 비결정론의 양면성을 갖고 있는 것이다. 이 사실을 아주 간단한 예를 들어 설명해보겠다.

꽃가루의 랜덤워크와 카오스 이론

꽃가루의 랜덤워크에 대한 이야기를 다시 해보자. 꽃가루의 움직임이 동전 던지기처럼 불확실성에 의해 좌우되는 것이 아니라 결정론적인 법칙에 따라 결정된다고 해보자. 쉽게 설명하기 위해 그 법칙이 파이 반죽 변환(195쪽 참고)과 같다고 가정한다(물론 이것은 편의적인 가정일 뿐이니 오해하지 말기 바란다). 파이 반죽 변환이란

$$f(x) = \begin{cases} 2x & (0 \leq x \leq 0.5) \\ 2-2x & (0.5 < x \leq 1) \end{cases}$$

이라는 식으로, 차례차례로 수열 $x_1, x_2, x_3, x_4 \cdots\cdots$를 만들어가는 시스템이었다.

이제 x_n이 0 이상 0.5 이하라면 꽃가루는 왼쪽으로 움직이고, 0.5보다 크고 1 이하라면 오른쪽으로 움직인다고 가정하기로 하자.

단, 우리들은 꽃가루가 좌우 어느 쪽으로 움직였는지밖에 관측할 수 없으며 그때의 x_n 값이 정확히 얼마인지는 알 수 없다고 하자.

또 꽃가루의 움직임을 관측하는 시점에서는 꽃가루가 움직이기 시작한 후 시간이 얼마나 흘렀는지 모르는 것으로 하자. 이러한 가정 아래에서는 꽃가루의 움직임을 추측하는 것은 랜덤워크를 추측하는 것과 다르지 않다.

그 이유는 다음과 같다. 관측을 시작한 지금 꽃가루가 '왼쪽'으로 움직였다고 치자. 이 사실로부터 x_n은 0

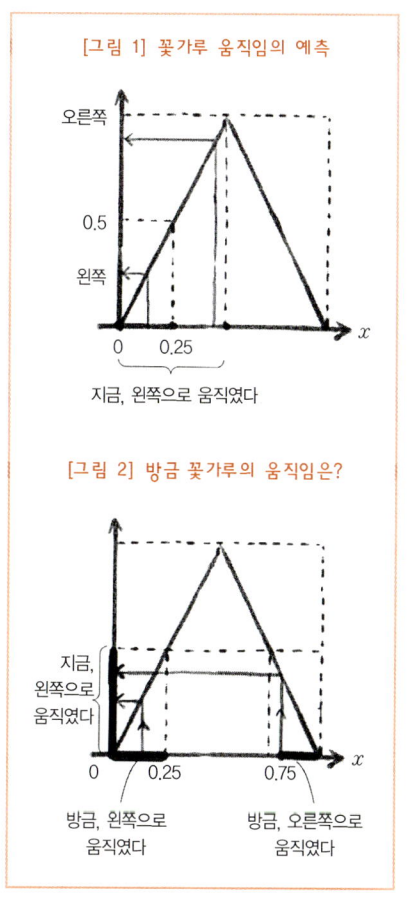

이상 0.5 이하였다는 것을 알 수 있다. 하지만 이 사실로부터 꽃이 다음에 오른쪽으로 향할지 왼쪽으로 향할지 추측할 수 있을까? 꽃가루가 어느 쪽으로 움직일 것인지는 x_{n+1}의 크기가 얼마냐에 따라 달라진다. 만약에 x_n이 0 이상 0.25 이하라면 x_{n+1}은 0 이상 0.5 이

하가 되기 때문에 꽃가루는 다음에도 '왼쪽' 으로 움직이므로 이 둘을 합해서 말하면 '왼쪽 - 왼쪽' 이 된다. 또 x_n이 0.25보다 크고 0.5 보다 작다면 x_{n+1}은 0.5보다 크고 1 이하가 되기 때문에 다음에는 '오른쪽' 으로 움직이며, 둘을 합쳐 말하면 '왼쪽 - 오른쪽' 이 된다 ([그림 2] 참조). 그러나 x_n의 정확한 수치를 알 수 없고 단지 0 이상 0.5 이하라는 사실밖에 모르는 현재로서는 전자가 될지 후자가 될지 가능성은 반반이라고 생각할 수밖에 없다.

여기서 '카오스는 결정론적이므로 현재를 안다면 과거의 수치도 알 수 있는 것이 아닐까, 그리고 과거를 알 수 있으면 그로부터 계산하여 미래도 알 수 있는 것이 아닐까' 라고 생각한 독자가 있다면, 그 사람은 매우 예리한 사람이라고 해도 좋다. 확실히 한순간 그러한 생각이 들긴 한다. 그런데 그렇게는 할 수 없다. 꽃가루가 현재 '왼쪽' 으로 움직인 것으로 알 수 있는 것은 $0 \leq x_n \leq 0.5$라는 사실뿐이다.

이 사실을 이용하여 그 직전의 수치 x_{n-1}을 어떻게 한정할 수 있을까. $0 \leq x_{n-1} \leq 0.25$ 또는 $0.75 \leq x_{n-1} \leq 1$이라는 사실을 알 수 있을 뿐이다. 전자라면 방금은 '왼쪽' 으로 움직였을 것이고, 후자라면 방금은 '오른쪽' 으로 움직였을 것이다([그림 2] 참조).

결국 현재 '왼쪽' 으로 움직였다는 사실만 알아서는 그 직전에 어느 쪽으로 움직였는지 규명할 수단이 없다. 즉 꽃가루의 운동이 파이 반죽 변환을 따른다고 할 때, 그리고 꽃가루가 '왼쪽' '오른쪽' 으로 움직였다는 사실밖에 알 수 없을 때는, 꽃가루의 움직임은 앞으로 어느 쪽으로 튈지 알 수 없는 랜덤워크와 차이가 없다. 이럴 때는 랜덤워크에 적용할 수 있는 이론밖에 통용되지 않는다. 이와 같이 카오스는 그 자체가 결정론적이지만, 불확실 현상과 구별되지 않는 현상을 만들어내는 특징을 보여준다.

재미로 풀어보는 분자 운동

속도 v로 운동하고 있는 질량 m의 물질이 갖는 운동에너지는 $\frac{1}{2}mv^2$이라는 것은 잘 알고 있을 것이다. 이것을 열 현상에 맞춰보자. 온도는 분자의 에너지의 총합에 비례한다. 따라서 분자 모두의 속도 v와 질량 m으로 $\frac{1}{2}mv^2$을 계산하여 다 더하면 그것이 분자 전체의 총 에너지이고 이것이 온도에 비례한다고 할 수 있다.

자, 이 사실을 이용하면 재미있는 현상을 설명할 수 있다. 여러분은 피스톤을 알고 있을 것이다. 피스톤이 달린 실린더 안에 기체를 넣어둔다. 피스톤을 누르면 실린더 안에 든 기체의 온도가 높아진다는 것은 알고 있을 것이다.

이러한 원리를 응용한 것이 자동차 엔진이다. 엔진 안에 가솔린을 분사해놓고 회전력

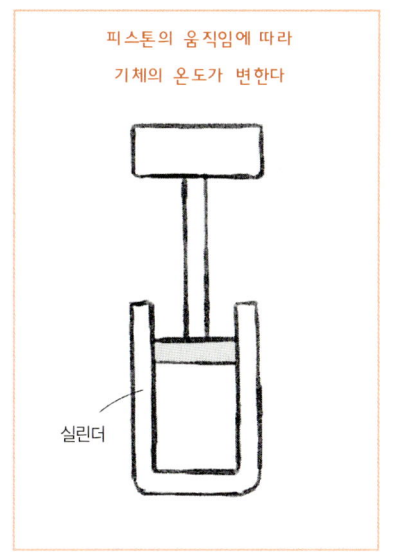

피스톤의 움직임에 따라 기체의 온도가 변한다

실린더

으로 피스톤을 누르면 실린더 안의 온도가 높아져서 밖에서 점화를 하지 않아도 자연발화한다. 그 폭발이 새로운 회전을 발생시켜 차바퀴를 회전시킴과 동시에 다시금 실린더를 누른다. 이러한 반복이 자동차 엔진의 원리다. 피스톤의 원리를 거꾸로 사용하는 방법도 있다. 피스톤을 밖으로 잡아당기면 실린더 안에 있는 기체의 온도가 내려간다. 이것을 이용한 것이 냉각기다.

자, 그럼 왜 피스톤을 밀거나 잡아당기거나 하면 실린더 안에 있는 기체의 온도가 변할까? 기체의 운동에너지를 이용하여 답을 생각해보라.

문제의 답

실린더 안의 기체 분자는 피스톤 벽에 끊임없이 충돌하며 다시 튀어나오기를 반복한다. 이 때 피스톤을 누르거나 잡아당기거나 하면 기체 분자에 어떤 영향이 미칠까?

테니스를 할 때의 경험을 떠올려보자. 날아온 볼에다가 라켓을 단지 가져다 대기만 하면 부딪힌 공은 날아온 속도와 대략 같은 속도로 튕겨 돌아간다. 그에 비해 공이 부딪힌 순간에 라켓을 앞으로 쳐내면 볼은 날아온 속도보다 더 빠른 속도로 튕겨져 돌아간다.

이와 같은 현상이 피스톤을 누를 때도 일어난다. 피스톤을 누르면 기체의 분자는 피스톤에 부딪히기 전보다도 빠른 속도로 튕겨져 나간다. 이는 기체의 운동에너지가 커지는 것을 의미하며, 따라서 실린더 안의 온도는 높아진다. 피스톤을 누르는 사람의 힘에 의해

에너지가 커진 것이다.

　거꾸로 피스톤을 잡아당기면 튕겨져나가는 분자의 속도는 부딪쳐올 때보다 더 작아진다. 이것도 테니스를 할 때의 경험을 떠올려보면 알 수 있다. 즉 분자의 운동에너지는 감소하고 실린더 안의 기체의 온도가 내려간다. 우리가 뜨거운 여름을 쾌적하게 지낼 수 있는 것은 이 분자운동론 덕택이다.

14. 카오스를 관장하는 무리수

'베르누이 시프트'라는 카오스 현상

몇 번이나 이야기했듯이 카오스 현상에는 커다란 특징 두 가지가 있다.

첫째는 예측 불가능성이다. 가까운 곳의 추세는 대략 파악할 수 있어도 먼 곳의 움직임을 예측할 수는 없다. 둘째는 초깃값 민감성이다. 초깃값에 아주 근소한 차이만 있어도 그로 인해 그리 멀지 않은 미래에 아주 다른 결과가 나타난다.

이것은 로렌츠의 기상방정식이나 모기 증식의 로지스틱 함수를 컴퓨터를 이용하여 수치 해석해서 발견한 것이다. 그러나 카오스라는 것이 수리과학의 한 영역으로 인정받기 위해서는 컴퓨터의 수치 해석이나 그래픽 시뮬레이션을 넘어 수학적으로도 그 현상을 확인할 수 있어야 한다. 그래서 3장의 마무리로서 그 점을 다루어보고자 한다. 여기에는 무리수가 관계되어 있는 만큼 이 주제는 실수(實數)를 다뤄온 이번 장의 마무리에도 썩 잘 어울린다고 생각한다.

자, '베르누이 시프트'라는 카오스 현상을 보기로 하자. 이것은 앞에서 몇 번이나 다룬 파이 반죽 변환과 거의 같은 구조이면서도 좀더 단순하기 때문에 이야기하기가 편하다. 베르누이 시프트는 0 이상 1 이하의 수로 정의된 다음과 같은 변환식으로부터 만들어진다.

$$f(x) = \begin{cases} 2x & (0 \leq x \leq 0.5) \\ 2x-1 & (0.5 < x \leq 1) \end{cases}$$

이 구조는 겉보기보다 훨씬 간단하다. 입력하는 x가 0.5 이하라면 두 배를 한다. 0.5보다 커질 때는 두 배한 다음 1을 뺀다. 아주 단순하다. 그래프로 표시하면 다음 그림처럼 된다. 둘로 나눠진 작업을 하나로 묶어서 말하자면 '입력한 수를 두 배한 다음 소수점 이하의 수만을 추출'하는 작업이다. 예를 들어 x가 0.28이라면 두 배하여도 1을 넘지 않으므로 그대로 $f(0.28) = 0.56$. 즉 두 배한 값을 산출

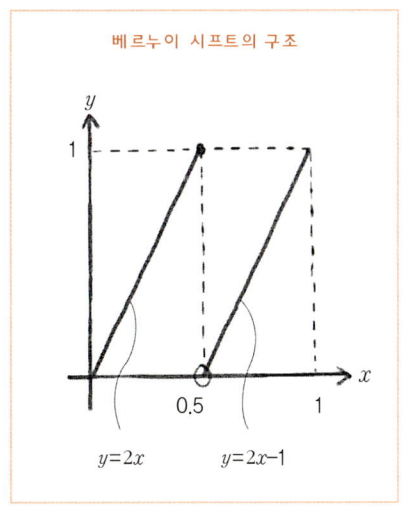

베르누이 시프트의 구조

하고, x가 0.73이라면 두 배하였을 때 1보다 큰 1.46이 되는데 이때는 이 소수 부분만을 끄집어내어 $f(0.73) = 0.46$을 산출한다. 파이 반죽은 두 배로 늘린 다음 반으로 접는 데, 비해 베르누이 시프트는 두 배로 늘린 파이의 중간을 잘라서 그대로 같은 방향으로 겹쳐 맞추는 방법이라는 차이가 있다.

이 베르누이 시프트에서도 카오스가 생긴다는 것이 알려져 있다. 더구나 이 변환에서는 카오스의 성질을 띠는 구체적인 수를 찾아낼 수 있다. 그것은 아래와 같은 성질을 띤 실수 γ('감마' 라고 읽는다)를 말한다.

〔성질 ①〕 γ를 초깃값으로 하여 베르누이 시프트로 수열 x_1, x_2……를 만들어가면 0 이상 1 이하의 범위에 들어 있는 구간이라면 그것이 어디에 있고 또 아무리 작은 구간일지라도(예를 들어 구간 '0.50001~0.5000100001' 이라고 하자―옮긴이) 반드시 수열 x_1, x_2……에 포함된 수가 조만간 그 구간 안으로 들어간다.

〔성질 ②〕 γ에서 아무리 가까운 거리를 지정하여도 그 거리 안에 있는 수 δ('델타' 라고 읽는다)를 찾아내서(예를 들어 γ가 0.3일 때 0.3000001을 δ라고 하면― 옮긴이) δ를 초깃값으로 하여 베르누이 시프트로 수열 y_1, y_2……을 만들면 γ를 초깃값으로 하는 수열의 값 x_1, x_2……에 대해 유한한 횟수 n번째가 되면 x_n과 y_n은 0.5 이상의 거리로 멀어진다.

이것을 카오스 성질과 관련하여 말하자면 성질 ①이 예측 불가능성을 나타내고 성질 ②가 초깃값 민감성을 나타내고 있다고 할 수 있다. 베르누이 시프트에 의한 움직임을 넓은 비커에 담긴 물에 떠 있는 꽃가루의 움직임이라고 가정해보자(베르누이 시프트 변환식의 그래프는 $x=0.5$에서 단절이 일어나 브라운 운동과 같은 연속성이 없기 때문에 비유로써 부적절한 면이 있지만, 여기서는 단지 이해를 돕기 위해 사용한 것이므로 양해해주기 바란다).

성질 ①은 시간이 경과하면 꽃가루가 비커의 모든 위치를 한 번은 반드시 통과한다는 것을 의미한다. 비커 내의 어떤 위치를 지정해도 꽃가루는 반드시 그 바로 옆에 한 번은 정지하는 것이다. 만약에 어딘가 확실하게 피해서 지나갈 장소가 있다면 그것은 꽃가루의 움직임을 예측(부정적인 의미에서)할 수 있다는 것을 뜻하므로 예측 불가능성을 특징으로 하는 카오스의 성질에 위배된다.

성질 ②에서 알 수 있는 것은 비커 안에서 아무리 좁은 범위를 지정하여도 그 범위 안에서 두 꽃가루가 조금이라도 다른 위치에서 움직이기 시작하면 유한한 횟수 안에 두 꽃가루의 움직임이 전혀 다른 양상을 띠게 된다는 것이다. 이것은 바로 초깃값 민감성을 뜻한다.

카오스의 성질을 띠는 실수 γ를 발견하는 법

자, 정말로 그러한 실수 γ가 존재하는가. 있다면 어떻게 구체적으로 알아낼 수 있을까. 우선 이 γ는 유리수가 아니라는 것만큼은 간단히 알 수 있다.

예를 들어 유리수 $\frac{1}{7}$을 초깃값 x_1으로 하여 베르누이 시프트로 수열 $x_1, x_2, \cdots\cdots$을 만들어가보자. 두 배한 다음 정수 부분을 제거해가면 되므로

$$x_1 = \frac{1}{7}, x_2 = \frac{2}{7}, x_3 = \frac{6}{7}, x_4 = \frac{5}{7}, x_5 = \frac{3}{7}, x_6 = \frac{6}{7} \cdots\cdots$$

가 되어서 여섯 번째가 세 번째와 같아지므로 그 다음에는 계속 같은 유형이 반복된다. 즉 성질 ①이 성립하지 않는다(즉 일정한 장소를 맴돌 뿐 나머지 장소로는 가지 못하므로—옮긴이). 유리수는 분수로 나타낼 수 있는데, 베르누이 시프트에서는 분모는 변하지 않으면서도 분자는 반드시 분모보다 작은 범위에 있어야 하므로 (분수에 정수 2를 곱하면 분모는 변하지 않고 분자만 바뀌며, 바뀐 분수의 크기는 1을 넘어서지 못하도록 처리되므로 분자는 항상 분모의 크기를 벗어날 수 없다—옮긴이) 수열은 유한한 횟수 안에 반드시 원래의 수로 돌아오며, 그 다음에는 다시 같은 유형의 수가 반복해서 등장하게 된다. 그러므로 우리가 발견하고자 하는 실수 γ는 일단 무리수다.

자, 드디어 우리들의 목적인 실수 γ의 등장을 기대해보자. γ를 표현하는 데는 이진 소수가 안성맞춤이다(이진수나 이진 소수에 대해서는 1장, 2장을 참조하기 바란다). 이진 소수를 아래와 같이 구성한다.

우선 한 자리 이하의 이진수를 열거하면 0, 1. 다음으로 두 자리 이하의 이진수를 모두 열거하면 00, 01, 10, 11. 나아가서 세 자리 이하의 이진수를 모두 열거하면 000, 001, 010, 011, 100, 101, 110, 111. 이런 식으로 계속해 나아갈 수 있다. 이 이진수들을 소수점 뒤에다가 순서대로 연결해서 무한의 저편까지 이어지는 수를 만들 수 있다. 이것이 우리가 찾던 γ(중의 하나)다.

$\gamma = 0.01000110110000010100111001011101111\cdots\cdots$

이와 같이 작위적으로 만든 무리수 γ가 어떻게 성질 ①과 성질 ②를 갖춘 수인지를 확인해보자. 우선 이 γ를 초깃값으로 하여, 즉 $x_1 = \gamma$로 하여 베르누이 시프트로 수열을 만들어서 그 결과를 열거해보자. '두 배하는 것'은 이진법의 세계에서는 '소수점을 오른쪽으로 하나씩 이동하는 것'이다. 그렇다면 베르누이 시프트는 소수점을 오른쪽으로 하나 이동한 후 소수점 왼쪽에 0이 아닌 1이 오면 (즉 1보다 커지면) 그것을 잘라버리고 0으로 대체해서 써주는 방식으로 쉽게 얻을 알 수 있다. 그 결과가 다음 표에 나와 있다.

> **베르누이 시프트로 만든 수열**
>
> $x_1 = \gamma = 0.01000110110000010100111001011101111\cdots\cdots$
>
> $x_2 = f(x_1) = 0.1000110110000010100111001011101111\cdots\cdots$
>
> $x_3 = f(x_2) = 0.000110110000010100111001011101111\cdots\cdots$
>
> $x_4 = f(x_3) = 0.00110110000010100111001011101111\cdots\cdots$
>
> $x_5 = f(x_4) = 0.0110110000010100111001011101111\cdots\cdots$
>
> $x_6 = f(x_5) = 0.110110000010100111001011101111\cdots\cdots$
>
> $x_7 = f(x_6) = 0.10110000010100111001011101111\cdots\cdots$
>
> $x_8 = f(x_7) = 0.0110000010100111001011101111\cdots\cdots$

성질 ①은 간단히 알 수 있다. γ는 모든 종류의 이진수를 하나로 묶어서 만든 수이므로 이와 같이 베르누이 시프트로 만든 수열 x_1, x_2, x_3……로 이어지는 수의 앞부분에는 어떠한 이진 유한소수도 조만간 나타난다. 그러므로 0 이상 1 이하의 수 중 어떤 수를 지정하더라도 그 수와 소수점 이하의 임의의 자릿수까지 일치하는 수 x_n이 조만간 나온다는 것은 자명하다. 이것으로 예측 불가능성의 특성이 확인되었다.

다음으로 성질 ②를 확인해보자. 예를 들면 γ와 $\frac{1}{128}$ (이진 소수로는 0.0000001) 이내의 거리에 있는 δ를 발견하라' 라는 문제는 간단히 해결할 수 있다.

$\delta = 0.01000111$

  이 δ는 앞에서 얻은 $\gamma(=0.010001101100\cdots\cdots)$를 소수점 여덟 자리에서 끊어, 마지막에 여덟 번째 자리의 숫자 0을 1로 바꾸어서 만든 수다. 이 δ는 γ와 소수점 이하 일곱번째 자리까지는 일치하기 때문에 이 둘 사이의 차이는 이진법으로 보았을 때 소수점 이하 일곱 자릿수인 $\frac{1}{128}=0.0000001_{(2)}$보다 더 작다. 즉 δ는 γ에 매우 가까운 곳에 있는 수다. 이 δ를 초깃값으로 베르누이 시프트를 하여 수열을 만들어가 보자(220쪽 표 참조).

  여기서 앞서 실은 수열 x_n과 수열 y_n을 비교해보자. n이 7이 될 때까지는 소수점 이하 첫째 자리가 서로 일치하므로 꽃가루의 위치는 (십진법으로) 0.5 이하의 거리에 있다. 그러나 여덟째인 $n=8$의 수가 되었을 때는 소수점 이하 첫째 자리가 한쪽은 0이고 다른 쪽이 1로 되었다. 이것은 꽃가루의 위치가 0.5 이상의 거리로 벌어졌음을 의미한다.

  지금은 구체적으로 $\frac{1}{128}$ 이하의 거리에 대해 δ를 발견했지만 다른 경우에도 같은 방식으로 하면 된다. 이것은 실로 이 γ가 성질 ②를 갖고 있음을 의미한다. 다시 말해 최초 γ의 위치에 있던 꽃가루와 최초 δ의 위치에 있던 꽃가루는 처음에는 단 $\frac{1}{128}$의 거리밖에는 떨어져 있지 않았는데도 일곱 번 움직인 다음에는 시험관의 오른쪽과 왼쪽으로 위치가 크게 갈린 것과 같다.

δ를 초깃값으로 해서 베르누이 시프트로 만든 수열
$y_1 = \delta = 0.01000111$
$y_2 = f(y_1) = 0.1000111$
$y_3 = f(y_2) = 0.000111$
$y_4 = f(y_3) = 0.00111$
$y_5 = f(y_4) = 0.0111$
$y_6 = f(y_5) = 0.111$
$y_7 = f(y_6) = 0.11$
$y_8 = f(y_7) = 0.1$

혹은 이렇게 말해도 좋다. 주식 가격의 상승이냐 하락이냐를 예측할 때 처음 예측에 사용하는 수치에서 $\frac{1}{128}$ 미만의 부분은 작은 수라고 하여 털어내고 예측을 했더니 일곱 번째 거래 때는 예측과 현실이 반대가 되고 말았다.

지금까지 이야기한 수 γ를 전문적인 용어로 '정규수(正規數)'라고 부른다. 정규수란 변환(變換)이 카오스를 갖는다는 숫자적인 증거의 하나다. 위에서 본 정규수 γ는 분명 무리수다. 순환이 일어나지 않는 소수이기 때문이다. 이것은 무리수가 우리가 살고 있는 세계의 구조를 관장하고 있다는 또 하나의 예다.

재미로 풀어보는 정규수

우리가 여기서 정규수를 발견하기 위해 베르누이 시프트를 이용한 것은 베르누이 시프트가 이진 소수를 표현하는 데 매우 편리한 구조로 되어 있기 때문이다. 그러나 파이 반죽 변환도 구조가 약간 더 복잡할 뿐 그렇게 복잡한 것은 아니다. 파이 반죽 변환과 비교했을 때 베르누이 시프트에서는 수열의 한 항이 1을 넘으면 잘라버리지만, 파이 반죽 변환에서는 1을 넘으면 2에서 그 값을 빼주었다.

그럼 이 파이 반죽 변환은 이진 소수에서는 어떻게 나타나는지 확인해보자.

초깃값 x_1을 0.01000111로 하고 파이 반죽 변환식으로 수열을 만들면 어떤 결과가 나오는지 확인해보라.

$$f(x) = \begin{cases} 2x & (0 \leq x \leq 0.5) \\ 2-2x & (0.5 < x \leq 1) \end{cases}$$

문제의 답

2에서 어떤 수를 빼는 계산은 이진법에서는 (마지막에 오는 숫자 이외의) 빼는 수의 0과 1을 바꾸는 것으로 나타난다. 2는 이진법에서는 10이다. 예를 들어 어느 두 수를 더해서 십진법의 2, 즉 이진법의 10이 나오는 이진법의 덧셈 1.0011 + 0.1101 = 10.000을 보자. 이 등식에서 알 수 있는 것은 10.000 - 1.0011 = 0.1101, 즉 2에서 어떤 수를 빼는 것은 빼는 그 수의 마지막 자리 이외의 숫자를 1은 0으로 0은 1로 바꾸는 것을 의미한다.

따라서 파이 반죽 변환은 '소수

초깃값을 0.01000111로 해서
파이 반죽 변환으로 만든 수열

$x_1 = 0.01000111$
$x_2 = f(x_1) = 0.1000111$
$x_3 = f(x_2) = 0.111001$
$x_4 = f(x_3) = 0.00111$
$x_5 = f(x_4) = 0.0111$
$x_6 = f(x_5) = 0.111$
$x_7 = f(x_6) = 0.01$
$x_8 = f(x_7) = 0.1$

점을 오른쪽으로 하나씩 옮기되, 소수점 왼쪽에 오는 숫자가 1이면 마지막 위치에 있는 숫자 이외의 다른 숫자에 대해서는 0과 1을 바꿔 넣는' 작업으로 보면 된다.

이 작업 과정을 보면 파이 반죽 변환에서도 정규수가 존재한다는 것은 거의 분명하다. 때때로 뒤집히는 것을 빼면 베르누이 시프트에서 정규수를 만드는 법과 기본적으로는 같은 발상으로 만들 수 있다.

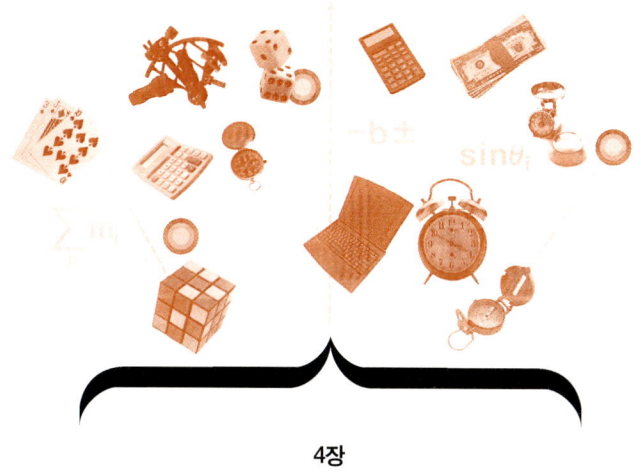

4장

허수에서 시작되는
미시세계의 불가사의한 이야기

16세기에 발견된 허수가 일약 각광을 받은 것은 오일러나 가우스가 허수를 종횡무진으로 이용하여 페르마의 대정리와 연계되는 정수론이나 해석학 등에서 혁명적인 성과를 거두었기 때문이다. 이리하여 19세기에는 허수가 수학의 세계에서 시민권을 얻게 되었다. 그러나 놀랄 일은 지금부터이다. 19세기까지는 허수는 어디까지나 '가공의 수'에 지나지 않으나 20세기가 되면서부터는 우리들이 사는 현실 속에서 발견되고 있다. 양자 물리학이 바로 그 무대이다. 4장에서는 1장에서 해설한 RSA 암호와 다시 한 번 재회할 것이다. 그리고 양자 컴퓨터라는 아직 실현되지 않은 테크놀로지가 RSA 암호를 어떻게 무력화할 수 있는지 등에 대해서도 생각해보도록 하겠다.

1. 허수는 수학의 격투 시대에 태어났다

상인들의 필요에 의해 생겨난 '음수'

음수는 중학생에게는 아주 기묘한 수겠지만, 어른에게는 일상다반사로 만나는 수다. 그 증거로 경제 데이터에는 음수가 안 나오는 곳이 없다.

회사 경비가 매출액을 넘으면 이익은 마이너스가 된다. 이른바 적자다. 국내총생산(GDP)이 전년보다 감소하면 성장률은 마이너스다. 물건 가격이 내리면 물가상승률은 마이너스가 되며, 이를 디플레이션이라고 한다. 설문조사에서 '경기가 좋다'고 답한 사람의 비율에서 '나쁘다'고 답한 사람의 비율을 빼면 업황지수 (GI)라는 지표가 나온다. 이때 경기가 나쁘다는 의견이 더 많으면 이 지표는 마이너스가 된다. 이와 같이 사회생활과 마이너스는 떼려야 뗄 수 없는 깊은 관계에 있다.

음수는 역사적으로 상업상의 필요에 따라 발명되었다. 상거래가 왕성했던 사회에서는 매출이나 자산의 대차를 기록하기 위해 음수라는 기호를 발명할 수밖에 없었다. 어느 시대에서나 필요는 발명의 어머니인 것이다. 현실이 확대되면 수도 확대된다.

그럼 허수는 어떤가. 음수의 제곱근인 허수에는 어떤 리얼리티가 있을까. 그것을 알아보는 것이 4장의 목적이다. 2나 3의 제곱근이 무리수라는 새로운 수를 가져다준 것과 마찬가지로 마이너스 1이나 마이너스 2의 제곱근도 새로운 수를 등장케 했다. 그러나 이 새로운 수가 등장하기까지는 커다란 저항이 있었다. 왜냐하면 (+)×(+)는 (+)이며, (−)×(−)도 (+)이므로 제곱, 즉 같은 수를 거듭 곱했을 때 음수가 되는 수는 있을 수 없다. 그러니 음수의 제곱근은 실재할 수 없는 것 아닌가. 이런 이유로 마이너스에 대한 제곱근은 '허수(영어로 imaginary number, 즉 상상의 수)'라는 이름을 달게 되었고 오랫동안 존재하지 않는 허깨비인 양 간주되어왔다. 그러한 허수에 대해 중요한 목격담이 나오기 시작했는데, 그것은 3차 방정식의 해법이 발견된 때부터였다.

2차 방정식의 해법은 오늘날 중·고등학생 때 배운다. 더군다나 대입하면 곧바로 해가 얻어지는 편리한 공식도 있다. 마치 '전자레인지에서 땡' 소리가 나듯 답이 구해진다. 이 편리한 공식은 5~6세기경 인도에서 연구하기 시작하여 9세기가 되었을 때 아라비아의 수학자 알콰리즈미가 책으로 정리하여 내놓았다. 당시에는 세계 최첨단의 수학이었던 셈인데 그 뒤 1000여 년의 세월이 흐른 오늘날에는 중·고등학생조차 '2a분의 $-b$ 플러스 마이너스 어쩌구저쩌구……' 하며 그대로 외워서 일상다반사로 사용하고 있으니, 세월 참 많이 변했다.

이탈리아의 수학자 타르탈리아의 비극

그런데 3차 방정식의 해법을 발견하기 위해서는 알콰리즈미의 책이 나온 후에도 아직 500년 이상의 긴 세월이 더 흘러야 했다. 무대는 16세기 르네상스기의 이탈리아로 옮겨 간다. 거기에 폰타나라는 불행한 성장기를 거친 한 남자가 있었다. 부친은 어렸을 때 프랑스군 병사에게 살해당했고 자신도 혀를 잘렸다. 그후 말을 자유롭게 할 수 없다고 하여 '말더듬이'를 의미하는 '타르탈리아(Tartaglia)'라는 별명이 붙었고 그 별명이 오히려 더 널리 알려졌으니 대중은 실로 잔혹한 존재다. 타르탈리아는 궁핍한 생활을 이겨내고 독학으로 수학을 공부하여 드디어 베네치아 대학의 교수가 되었으니, 실로 재능과 노력을 겸비한 천재였던 모양이다.

당시에는 '수학 시합'이라는 내기가 유행했다. 두 명의 수학자가 서로 문제를 내고 많이 푼 쪽이 이기는 시합이었다. 청중들도 그것을 마치 격투기인 양 즐겼다고 하니 재미있는 시대였다. 오늘날로 말하자면 요리 솜씨를 경쟁하거나 빨리 먹기 경쟁을 하는 TV 프로그램과 비슷했을 것이다. 타르탈리아는 이 수학 시합에서 전승이었다. 그것도 그럴 것이 타르탈리아는 세계에서 3차 방정식의 완전해법을 알고 있는 유일한 사람이었기 때문이다. 그 타르탈리아에게 한 명의 남자가 다가왔다. 카르다노라는 이름의 수학자였다. 카르다노는 2장에서는 확률이론의 선구자로 등장한 바 있다. 카르다노는 매우 괴상한 인물이다. 창부의 아이로 태어나 나중에 개업의가 되는데 신부가 가지고 온 지참금을 가지고 나가서 몽땅 도박에다 털어먹는 막무가내의 남자였다. 이 카르다노가 3차 방정식의 해법을 가르쳐달라고 타르탈리아에게 끈질기게 매달렸다. 그 끈질김에 지쳐 타르탈리아는 다른 데 말하지 않을 것을 맹세하게 하고 자신만이 알고 있던 비전(秘傳)을 카르다노에게 전수해주었다. 물론 그런 약속이 지켜질 리 없었다. 카르다노는 배신을 하고 자기 책에다 그 해법을 발표해버린 것이다.

머리끝까지 화가 난 타르탈리아는 카르다노에게 수학 시합을 신청했다. 카르다노는 끝까지 도망치다가 비겁하게도 자신의 제자인 페라리(L. Ferrari)를 대역으로 내세웠다. 페라리는 당시 스무 살이 될까 말까 한 젊은이였고 타르탈리아는 대가였으므로 대중이 페라리 쪽에 더 많은 응원을 보내는 것은 어쩔 수 없는 일이었다.

타르탈리아는 사면초가 속에서

그만 페라리에게 패배했다. 관중들의 분위기로 인한 불리한 점도 있었겠지만 페라리가 천재였다는 사실도 타르탈리아에게는 중요한 패인이었다. 페라리는 장차 4차 방정식 해법의 발견자로 역사에 이름을 남기게 될 수학자였던 것이다.

이러한 연유로 3차 방정식의 해법은 오늘날 '카르다노의 해법'이라고 불린다. 타르탈리아로서는 안된 일이지만 만약에 카르다노가 그 해법을 발표하지 않았다면 수학의 발전은 수백 년 정도 지체되었을지도 모른다. 그리고 과학법칙은 공공의 것이고 인류 전체의 자산이어야 한다는 점을 생각할 때 카르다노를 책망만 할 것은 아니다. 그런데 카르다노의 책 속에 페라리는 다음의 문제를 풀 수 있는 해법을 제시했다.

10을 두 개의 수로 나누어 그 곱이 40이 되도록 하라.

이것은 2차 방정식 해의 공식으로 풀면 $(5+\sqrt{-15})$와 $(5-\sqrt{-15})$가 된다. 전개 공식 $(a+b)(a-b)=a^2-b^2$을 이용하면 확실히 이 두 수의 곱은 아래의 계산을 거쳐 40이 된다.

$$(5+\sqrt{-15})(5-\sqrt{-15})=5^2-\sqrt{-15}^2=25-(-15)=40$$

이 답에 허수가 나타나 있는 것에 주목하자. 페라리는 허수에게 시민권을 주고 있었던 것이다.

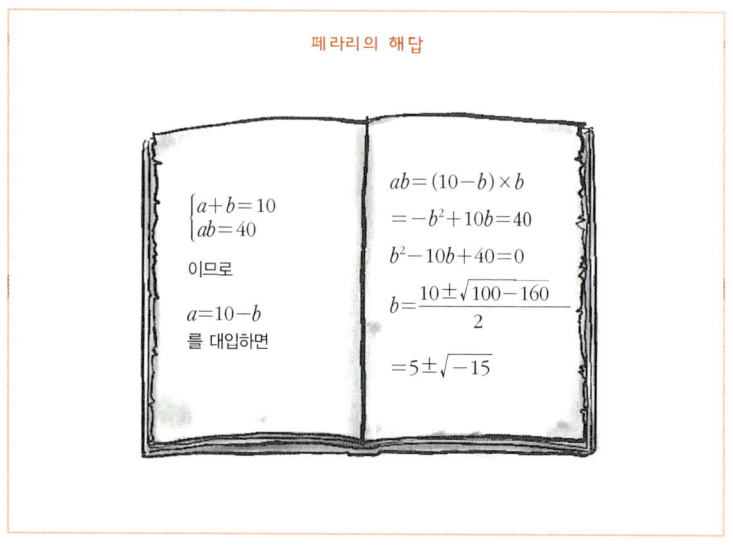

재미로 풀어보는 허수

새로운 수는 대체로 새로운 패러독스를 동반한다. 패러독스는 미묘한 문제에 대해 주의를 환기시키거나 새로운 생각의 허점을 지적하여 더 완전한 생각으로 이끌어주기도 한다. 허수를 도입할 때도 예외는 아니어서, 다음과 같은 패러독스에 부딪쳤다.

마이너스 1의 제곱근은 허수 단위라고 하고 알파벳 i라는 기호로 쓴다. 즉 $i=\sqrt{-1}$이다. 자, 제곱근의 정의에 따라 다음과 같다.

$i \times i = i^2 = -1$ ……①

그런데 한편 $\sqrt{}$ 기호의 계산법칙, $\sqrt{a}\sqrt{b}=\sqrt{ab}$ 에 따라 $a=b=-1$을 대입하면 다음과 같다.

$$i \times i = \sqrt{-1}\sqrt{-1} = \sqrt{(-1)(-1)} = \sqrt{1} = +1 \cdots\cdots ②$$

이 ①과 ②를 결합하면 다음과 같은 결과가 나온다.

$$-1 = +1$$

이것은 실로 모순되는 결과이다. 도대체 어디에서 문제가 생긴 것일까.

문제의 답

PC에 새로운 운영프로그램을 설치하면 그때까지 정상적으로 움직이던 다른 응용프로그램이 작동하지 않는 일을 자주 경험했을 것이다. 수학에서도 그러한 일이 일어난다.

이 문제의 답은 별것 아니다. $\sqrt{}$ 기호를 음수의 제곱근을 표시하는 데까지 확장하여 사용할 때는 $\sqrt{a}\sqrt{b}=\sqrt{ab}$ 라는 규칙은 이미 성립하지 않는다는 게 답이다. 이 규칙의 a나 b에 음수를 대입해서는 안 된다는 이야기다.

그렇게 사용할 경우, 답이 속임수 같아서 좀 죄송스럽지만, ①, ②가 서로 다른 값을 내기 때문이다. 실제로 $\sqrt{a}\sqrt{b}=\sqrt{ab}$ 라는 공식을 증명하는 과정을 다시 돌아보면 a와 b가 양수여야 한다는 단서가 붙는 것을 알 수 있다. 이것을 더 자세히 알고 싶은 분께는 중학교 교과서를 펼쳐 읽을 것을 권한다.

2. 현실에는 픽션이 필요하다

3차 방정식의 해에 필요한 허수

3차 방정식의 해를 연구하던 수학자들은 점차 허수를 피해 갈 수 없음을 알게 되었다. '허깨비의 존재를 인정할 수밖에 없다!' 예를 들면 3차 방정식 $x^3-6x+2=0$을 생각해보자. 이 해를 알기 위해 함수 $y=x^3-6x+2$의 그래프를 그려보면 다음 그림과 같다. 이것은 x축과 세 번 교차하기 때문에 세 개의 실수해 α, β, γ를 갖는다. 좀더 구체적으로 α는 -3과 -2 사이에, β는 0과 1 사이에, γ는 2와 3 사이에 있다. 무리수이기는 하지만 여전히 실수의 범위 안에 있다.

그런데 이 3차 방정식을 카르다노의 공식으로 풀어보면 정말 어지러운 결과가 나온다(237쪽 참조). 허수인 $\sqrt{-7}$이나 $\sqrt{-3}$ 등이 끼어드는 것이다. 해 α, β, γ는 아까 서술했듯이 모두 실수다. 그러나 카르다노 공식을 사용하여 구한 해에는 이와 같이 허수가 섞여 있다. 이 허수를 지울 수는 없을까. 혹은 어떻게든 다른 풀이 방법을 발견하여 좀더 익숙한 형식의 해를 찾아낼 수는 없을까.

수학자들은 열심히 노력했지만 그것은 불가능한 일이었다. 그리고 수학자들은 그렇게 하는 것이 불가능하다는 것까지도 규명했다. 즉 이 3차 방정식의 해를 기술하려면 기본적으로는 이 방법밖에 없는 것이다. '해는 분명히 실수인데 그것을 표현할 때는 허수를 사용해야 한다'는 것이다.

이것은 아주 곤란한 일이었다. 피타고라스 시대에는 무리수를 받아들이는 데 저항이 있었지만 우리가 살고 있는 이 세계에서 무리수는 어느 틈엔가 실수(實數)로서의 시민권을 인정받게 되었다. 그런데 이제 실수를 기술하는 데 다시 허수가 필요해진 것이다. 허깨비의 존재 없이 이 세상의 일을 얘기할 수 없게 된 것일까?

대담한 비유로 말하자면 이것은 '현실을 얘기하려면 픽션이 필요하다'는 이야기라고 할 수 있다. 하지만 따지고 보면 그렇게 신기한

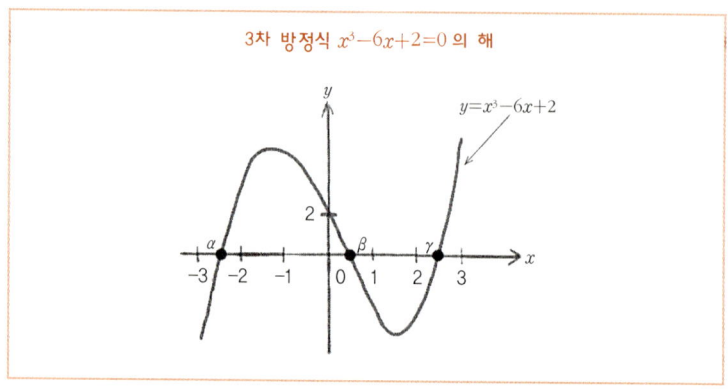

3차 방정식 $x^3-6x+2=0$ 의 해

236

$x^3-6x+2=0$을 카르다노의 공식으로 풀면

$$-\sqrt[3]{1+\sqrt{-7}} - \sqrt[3]{1-\sqrt{-7}}$$

$$-\sqrt[3]{1+\sqrt{-7}}\frac{-1+\sqrt{-3}}{2} - \sqrt[3]{1-\sqrt{-7}}\frac{-1-\sqrt{-3}}{2}$$

$$-\sqrt[3]{1+\sqrt{-7}}\frac{-1-\sqrt{-3}}{2} - \sqrt[3]{1-\sqrt{-7}}\frac{-1+\sqrt{-3}}{2}$$

일은 아니다. 현실은 매우 리얼하지만, 그런 현실을 정확하게 파악하기 위해 우리는 종종 픽션을 이용하고 있기 때문이다. 소설이나 영화와 같은 픽션의 세계 속에서 현실의 본질을 발견할 때가 많지 않는가!

카르다노의 공식을 사용해봐!

직접 보거나 체험하는 것만으로는 이해할 수 없는 현실의 정체를 우리는 허구를 이용하여 파악한다. 수학의 세계에도 그러한 것이 있다. 실수를 완전히 이해하려면 실수 안에 웅크리고 있어서는 안 된다. 허수라는 픽션의 세계로 뛰어들어 가야 실수의 본성을 볼 수 있다.

재미로 풀어보는 허수의 이용법

허수를 사용하는 것이 여러모로 편리하다는 것을 간단한 대수로 체험할 수 있게 해보겠다. 중학교 3학년 수준의 계산이면 된다.

우선 앞에서 소개한 공식을 다시 확인해두자.

$$(a+b)(a-b) = a^2 - b^2 \cdots\cdots ①$$

그럼 예제다.

[예제]

$(x^2 - y^2)(z^2 - w^2) = (\quad)^2 - (\quad)^2$

[예제의 해답]

$(x^2 - y^2)(z^2 - w^2) = \{(x+y)(x-y)\}\{(z+w)(z-w)\}$
$= \{(x+y)(z+w)\}\{(x-y)(z-w)\}$
$= \{(xz+yw) + (xw+yz)\}\{(xz+yw) - (xw+yz)\}$
$= (xz+yw)^2 - (xw+yz)^2$

이 공식은 '제곱의 차로 표현되는 두 수의 곱은 다시 제곱의 차로 표현된다'는 것을 뜻한다. 괄호를 채우려면 해답처럼 하면 된다. ①의 공식을 세 번 정도 이용하고 있다.

그럼 이 예제를 흉내 내어 다음의 문제 (1)과 문제 (2)의 괄호를 채워보자. 여기에는 조금 복잡한 해법이 사용되는데 그것은 무엇일까.

[문제]

(1) $(x^2-3y^2)(z^2-3w^2) = (\quad)^2 - 3(\quad)^2$

(2) $(x^2+y^2)(z^2+w^2) = (\quad)^2 + (\quad)^2$

문제의 답

방법은 '이단(異端)의 수'를 이용해서 푸는 것이다. 문제 (1)에서는 $\sqrt{3}$이라는 마법의 수를, 문제 (2)에서는 $\sqrt{-1}$이라는 허구의 수를

(1)의 해답

$(x^2-3y^2)(x^2-3w^2) = \{x^2-(\sqrt{3}\,y)^2\}\{z^2+(\sqrt{3}\,w)^2\}$
$= \{(x+\sqrt{3}\,y)(x-\sqrt{3}\,y)\}\{(z+\sqrt{3}\,w)(z-\sqrt{3}\,w)\}$
$= \{(x+\sqrt{3}\,y)+(x+\sqrt{3}\,w)\}\{(x-\sqrt{3}\,y)(z-\sqrt{3}\,w)\}$
$= \{(xz+3yw)+\sqrt{3}(xw+yz)\}\{(xz+3yw)-\sqrt{3}(xw+yz)\}$
$= (xz+3yw)^2 - 3(xw+yz)^2$

(2)의 해답

$(x^2+y^2)(z^2+w^2) = \{x^2-(\sqrt{-1}\,y)^2\}\{z^2-(\sqrt{-1}\,w)^2\}$
$= \{(x+\sqrt{-1}\,y)(x-\sqrt{-1}\,y)\}\{(z+\sqrt{-1}\,w)(z-\sqrt{-1}\,w)\}$
$= \{(x+\sqrt{-1}\,y)(z+\sqrt{-1}\,w)\}\{(x-\sqrt{-1}\,y)(z-\sqrt{-1}\,w)\}$
$= \{(xz-yw)+\sqrt{-1}(xw+yz)\}\{(xz-yw)-\sqrt{-1}(xw+yz)\}$
$= (xz-yw)^2 + (xw+yz)^2$

사용한다. 양쪽 모두 마법의 수나 허구의 수는 계산 과정에서만 모습을 드러낼 뿐 답에서는 아무런 흔적도 남기지 않고 사라진다. 그러나 이들을 이용하지 않았다면, 즉 이들을 경유하지 않았다면 위의 답은 구할 수 없었을 것이다. 이와 같이 수학에서 새로운 수의 발견은 새로운 기술의 발견이기도 하다. 이 해답을 보면 수학에서도 픽션이 현실을 풍요롭게 하는 도구로 사용됨을 이해할 수 있을 것이다.

3. 복소수는 회전 확대한다

허수를 실감해보자

허수는 허구지만 '필요한 허구'임을 알았다. 그렇다면 이제는 기피할 것이 아니라 그 속성을 알기 쉬운 형태로, 다시 말해 실감할 수 있는 방식으로 표현할 수 있는 아이디어를 짜내야겠다. 그러기 위해서 우선 음수 −1의 역할부터 다시 생각해보자.

$(+3) \times (-1) = (-3)$
$(-5) \times (-1) = (+5)$

위의 계산을 단순한 기호 면에서 보면 '−1을 곱한다는 것은 부호를 반대로 바꿔준다'는 의미임을 알 수 있다. 이 사실을 그림으로 나타내보자.

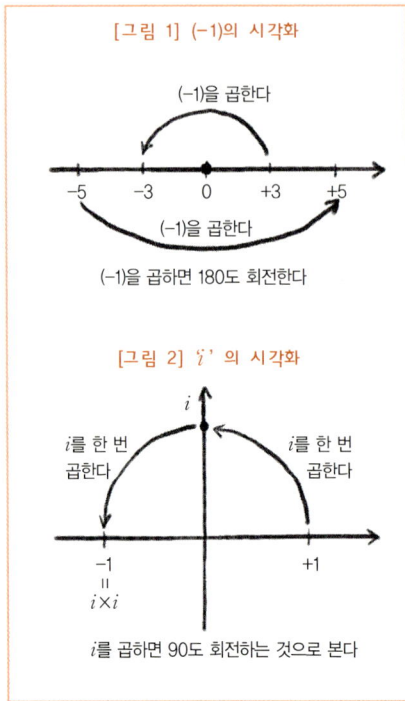

〔그림 1〕을 보라. 실수 +3에 −1을 곱하면 그 결과는 −3인데, 이것은 원점 (0)을 기준으로 볼 때 원래의 +3의 정반대에 위치한다. 또 −5에 −1을 곱한 값, +5는 원래의 −5의 정반대에 위치한다. 즉 수 −1을 곱하면 수직선 상의 수는 180도 회전한 위치로 이동한다.

이러한 성질을 허수에 확장해 적용해보자. 같은 방법으로 허수단위 $i=\sqrt{-1}$ 을 그림으로 표시해본다. −1을 곱하는 것은 180도 회전을 나타낸다고 했다. 그런데 −1은 i를 두 번 곱한 값이다. 따라서 '허수단위 i는 90도의 회전'이라고 이야기할 수 있다. 그러므로 허수단위 i는 y축 상의 좌표(0, 1)에 두는 게 자연스럽다(〔그림 2〕참조).

마찬가지로 숫자 $(+2),(+3),(+4)……(-1),(-2),(-3),(-4)……$ 등에 허수단위 i를 곱한 수 $(+2i),(+3i),(+4i)……(-1i),(-2i),(-3i),(-4i)$는 원래의 수를 90도 회전한 y축 상의 점에 두면 된다.

가우스 평면의 출현

y축 상에 허수단위 i의 배수를 배치하면 이 y축을 허수축이라고 부른다. 그리고 x축은 실수축이라고 한다. 실수축과 허수축이 설정되었으므로 평면상의 점 (a, b)에는 a+bi라는 수를 대응시키는 것이 자연스럽다. 이와 같이 만들어진 a+bi라는 형식의 수를 '복소수'라고 한다. 또 복소수를 표시한 평면을 복소수평면, 혹은 가우스 평면이라고 부른다([그림 3]).

복소수에 덧셈이나 곱셈을 도입하는 것은 간단하다. 덧셈은 통상 문자식의 계산과 같은 방식으로 하면 된다. 예를 들면 다음과 같다.

$$(2+5i)+(4+3i)=(2+4)+(5+3)i=6+8i$$

곱셈도 문자식을 전개하는 공식을 이용하면 되는데 이때 $i \times i$가 나오면 -1로 바꿔주는 것만 다르다. 예를 들면 다음과 같다.

$$(2+5i)(4+3i)=8+6i+20i+15i \times i$$
$$=8+26i+15(-1)=-7+26i$$

복소수 계산을 이런 식으로 정의하면 마이너스 수에 대한 제곱근은 모두 복소수 형식으로 표현할 수 있다. 예를 들면 $\sqrt{3i}$ 라는 수는 제곱하면,

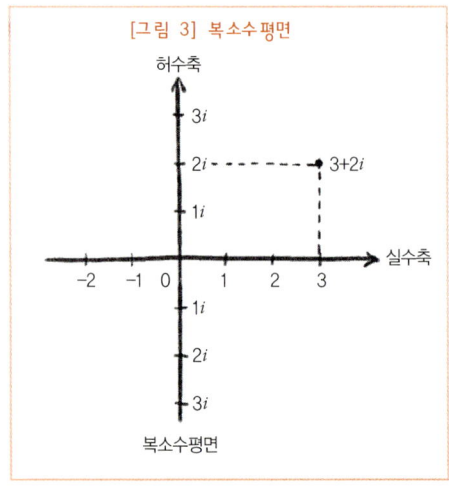

[그림 3] 복소수평면

$$\sqrt{3}i \times \sqrt{3}i = \sqrt{3^2 i^2} = -3$$

이기 때문에 −3의 제곱근임을 확인할 수 있다. 복소수의 합이나 곱을 이런 식으로 정의하고 나면 복소수의 계산은 도형적으로 재미있는 성질을 띤다는 것도 알 수 있다. 복소수는 애초에 허수단위 i를 곱하는 것은 90도 회전을 나타내는 것이라는 생각에 바탕을 두고 만든 수의 집합인데, 실은 i만이 아니라 복소수 전체가 같은 성질을 띤다.

〔그림 4〕를 보면 점 P의 위치에 있는 $3+4i$라는 복소수를 임의의 복소수 x와 곱해보자. 그 곱인 $(3+4i)x$는 x에서 원점을 기준으로 일정각을 회전하여 일정 배만큼 확대된 위치에 있는 복소수가 된다. 이때의 PO와 실수축이 만드는 각도(θ)가 회전각이 되며, 선분 OP의 길이인 5가 확대율이 된다. 이러한 성질은 점의 집합인 도형에도 확대해서 적용할 수 있다. 복소수평면 상에 도형 F가 있고 도형 F를 구성하는 점에 대응하는 복소수 전체에 대해 $3+4i$라는 복소수를 곱해서 만들어지는 새로운 복소수, 그리고 그 새로운 복소수에 대응하는 새로운 점을 모으면 도형 F를 닮은꼴로 확대하여 회

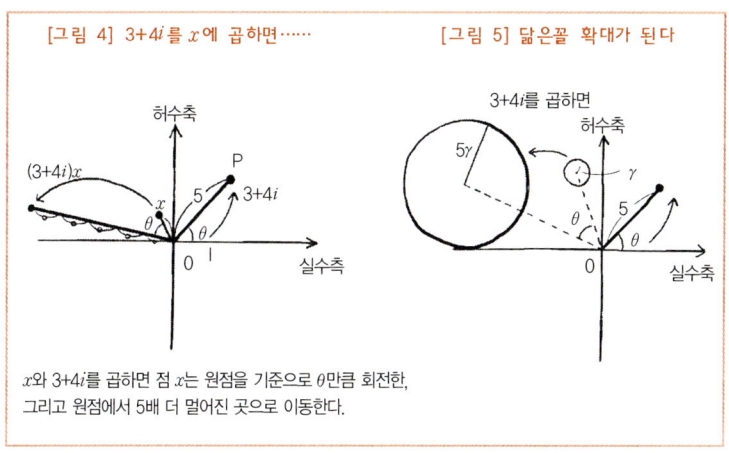

[그림 4] 3+4i를 x에 곱하면…… [그림 5] 닮은꼴 확대가 된다

x와 3+4i를 곱하면 점 x는 원점을 기준으로 θ만큼 회전한,
그리고 원점에서 5배 더 멀어진 곳으로 이동한다.

전시킨 도형이 만들어진다([그림 5]). 이렇게 복소수는 '회전과 확대'라고 생각해두면 틀림없다.

재미로 풀어보는 회전 확대

지금 개미가 좌표평면 상의 점 (1, 0)에 있다고 하자. 이 평면을 복소수평면이라고 간주하면 개미가 있는 곳은 수 1이 있는 장소에 해당한다. 1분 뒤에 개미의 위치는 복소수(δ=1+i)를 곱한 결과라고 하자. 그러면 1분 후 개미의 위치는 1×δ다. 2분 후 개미의 위치는 여기에 다시 δ를 곱한 1×δ×δ이며 3분 후에 개미는 1×δ×δ×δ에 있게 된다.

자, 이제 이 복소수 계산을 통해 개미의 움직임을 구체적으로 그려보라. 개미의 움직임을 규칙적이고 연속적인 곡선으로 발전시키려면 어떻게 하면 좋을까? 그리고 그것은 어떤 곡선이 될까?

문제의 답

개미의 1분 후의 위치는 $\delta = 1 + i$로부터 $(1, 1)$이 되고, 2분 후의 위치는 $\delta \times \delta = (1+i)(1+i) = 2i$이므로 $(0, 2)$가 되고, 3분 후의 위치는 $\delta \times \delta \times \delta = 2i(1+i) = 2i + 2i^2 = -2 + 2i$이므로 $(-2, 2)$가 되고, 4분 후의 위치는 $\delta \times \delta \times \delta \times \delta = (2+2i)(1+i) = -2 - 2i + 2i + 2i^2 = -4$이므로 $(-4, 0)$이 된다.

이것을 그림으로 보면 알 수 있듯이 45도씩 회전하면서 원점에서부터 거리가 $\sqrt{2}$배씩 확대되고 있음을 알 수 있다.

이유는 이미 설명했다. 복소수 δ의 위치는 실수축 45도 방향에 있으며 원점에서 $\sqrt{2}$의 거리에 있으므로 δ를 곱하는 것은 45도 회전과 $\sqrt{2}$배의 확대를 가져온다.

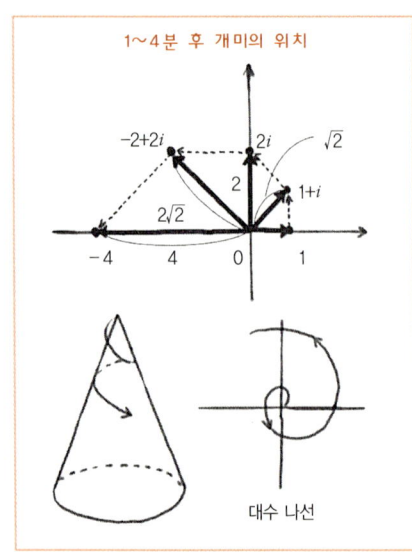

1~4분 후 개미의 위치

대수 나선

그런데 회전 확대를 하는 개미의 운동을 현실 속에서 구체적으로 만들어내려면 어떻게 하면 좋을까. 한 가지 방법은 개미를 원뿔형 꼭대기에서 일정한 경사를 이루면서 내려오게 하는 것이다. 이것을 위에서 내려다보면 개미는 원점에서부터 닮은꼴 확대를 하며 회전하는 것으로 보일 것이다. 개미의 궤도는 독특한 소용돌이가 되는데, 이 소용돌이 곡선이 아까의 회전 확대를 연속화한 것이다.

이 곡선을 '대수 나선'이라고 하는데, 자연계에서도 흔히 볼 수 있는 형상이다. 예를 들면 조개껍데기 위의 선이나 소라껍데기의 선이나 해바라기 씨의 배열, 우주의 성운 모양 등이 이러한 형상으로 되어 있다.

4. 방정식을 풀면 정다각형이 그려진다?

가우스가 열여덟 살 때 해결한 문제

복소수의 곱이 회전 확대라는 사실에서 또다른 사실을 알 수 있다. 바로 정다각형과 방정식이 깊은 관계가 있다는 사실이다.

예를 들면 네 개의 복소수 $+1, i, -1, -i$는 각각 네제곱을 하면 모두 1이 된다. 하나만 확인해보자. $-i$는 $(-i)^2 = -1$, $(-i)^3 = -i$, $(-i)^4 = 1$이 되므로 확실히 네제곱을 하면 1이 된다([그림 1]). 그러므로 이들 네 수는 방정식 $x^4 = 1$의 해다. 4차 방정식에는 해가 최대 네 개밖에 없으므로 이들이 해의 전부다.

그런데 이 네 수를 네제곱하면 1이 된다는 것은 다른 방식으로도 알 수 있다. 이들 네 수는 복소수평면 상에서는 모두 원점에서 거리 1의 위치에 있다. 또 실수축에 대한 각은 순서대로 0도, 90도, 180도, 270도다.

따라서 이 수들을 네제곱하면 원점과의 거리는 계속 1을 유지하면서, 회전각은 각각 0도, 360도(한 바퀴), 720도(두 바퀴), 1080도(세 바퀴)가 되어 모두 실수 1의 위치〔좌표 (1, 0)의 위치〕에 오게 된다. 따라서 네제곱의 결과는 모두 1이다.

또 이 네 수는 360도를 4등분한 위치에 있으므로 이들을 이으면 정사각형이 된다. 이상을 종합하면 4차 방정식 $x^4 = 1$의 네 해는 원점을 중심으로 하여 반지름 1의 원둘레 상에서 360도를 4등분한 위치에 놓이며 네 수의 위치를 연결하면 정사각형이 된다([그림 2]).

이것은 일반형인 $x^n = 1$이라는 형태의 방정식에 대해서도 분명히 성립한다. 원점을 중심으로 반지름 1의 원둘레를 n등분한 장소에 위치해 있는 복소

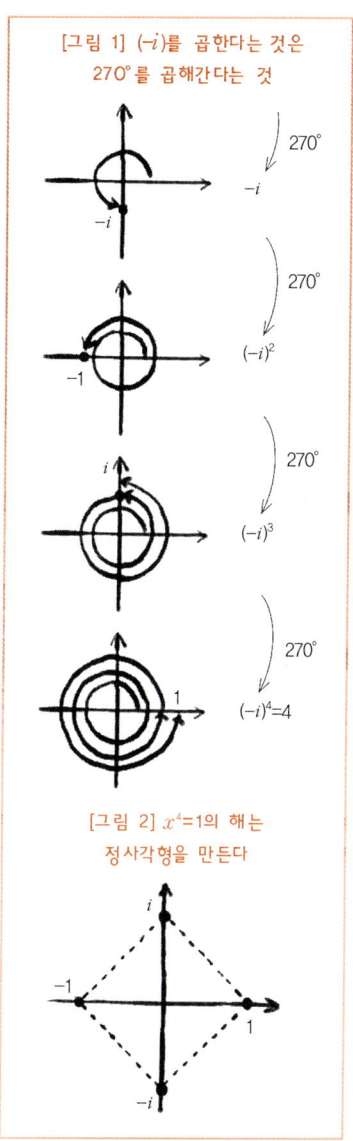

[그림 1] ($-i$)를 곱한다는 것은 270°를 곱해간다는 것

[그림 2] $x^4=1$의 해는 정사각형을 만든다

수는 모두 n제곱을 하면 복소수 1의 장소[좌표 (1, 0)의 장소]로 오기 때문이다. 그래서 신기하게 $x^n = 1$이라는 방정식과 정n각형이라는 도형이 결합되는 것이다. 이 얼마나 아름다운 일인가!

시험 삼아 3차 방정식 $x^3 = 1$의 해를 보도록 하자. $x^3 = 1$은 $x^3 - 1 = 0$이고 이것은 인수분해하여 $(x-1)(x^2 + x + 1) = 0$이기 때문에, 결국 $x^3 = 1$의 해는 1과 $x^2 + x + 1 = 0$을 풀어서 나오는 해 $\frac{-1+\sqrt{3}i}{2}$ 및 $\frac{-1-\sqrt{3}i}{2}$, 세 개라는 것을 알 수 있다. 이 세 개의 복소수를 복소수평면에 배치해보면 다음 그림과 같다. 아까는 정사각형이었는데 이번에는 정삼각형이 만들어졌다.

대수학자 가우스가 열여덟 살 때 컴퍼스와 자만으로 정다각형을 작도할 수 있는가, 없는가 하는 문제를 해결했는데 바로 이 성질을 이용한 것이었다.

가우스는 이 문제를 방정식 $x^7 - 1 = (x-1)(x^6 + x^5 + x^4 + x^3 + x^2 + x + 1) = 0$의 해인 일곱 개의 복소수를 분석하는 방식으로 해결했

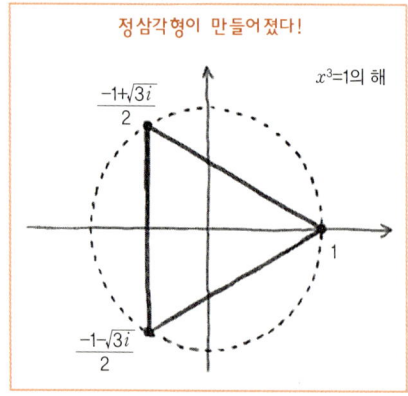

정삼각형이 만들어졌다!

다. 아까 해설했듯이 이들 일곱 개의 복소수는 정7각형을 형태화한 것이다. 가우스가 낸 결론은 '정7각형은 컴퍼스와 자만으로는 작도 불가능' 하다는 것이었다. 그 이유를 좀더 상세하게 알아보자. 컴퍼스와

자로 작도할 수 있는 복소수평면의 점은 유리수에 $\sqrt{}$를 다중으로 씌워서 만든 복소수일 때다. 그런데 이들 수를 해로 갖는 (유리계수의) 방정식이라는 것은 2의 거듭제곱의 차수를 가지고 있어야 한다 ($\sqrt{}$를 벗기기 위해 차례차례 순서대로 제곱하는 것이라고 생각하면 된다). 아까의 방정식, $x^6+x^5+x^4+x^3+x^2+x+1=0$의 차수 6은 2의 거듭제곱이 아니다. 따라서 이 해는 $\sqrt{}$만으로는 표현할 수 없다.

가우스가 대단한 것은 정7각형에 대하여 부정적인 결론을 내린 데 머물지 않고 작도 가능한 소수도 함께 발견한 것이다. 바로 정17각형이다. $x^{17}-1$의 인수분해로 나오는 $x^{16}+\cdots\cdots+x+1=0$의 차수 16은 2의 거듭제곱이기 때문에 해가 나온다.

여담으로 독일 브룬스빅에 있는 가우스의 기념비에는 정17각형이 아로새겨 있다.

재미로 풀어보는 컴퍼스와 자를 이용한 작도와 복소수

$\sqrt{2}$나 $\sqrt[4]{2}$를 작도하는 방법을 아래에 그려놓았다. 어떻게 해서 이 방법으로 작도할 수 있는지 생각해보라.

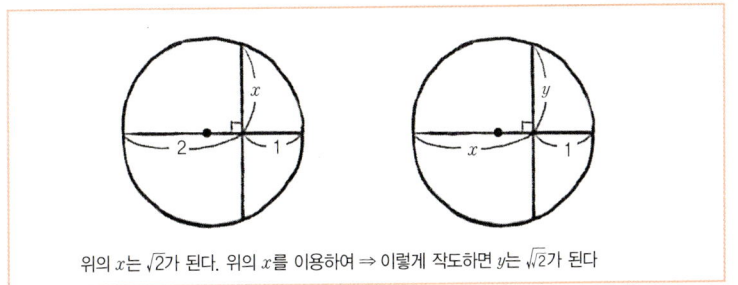

위의 x는 $\sqrt{2}$가 된다. 위의 x를 이용하여 ⇒ 이렇게 작도하면 y는 $\sqrt[4]{2}$가 된다

문제의 답

초보적인 기하 문제다. 답은 아래 그림에 있다.

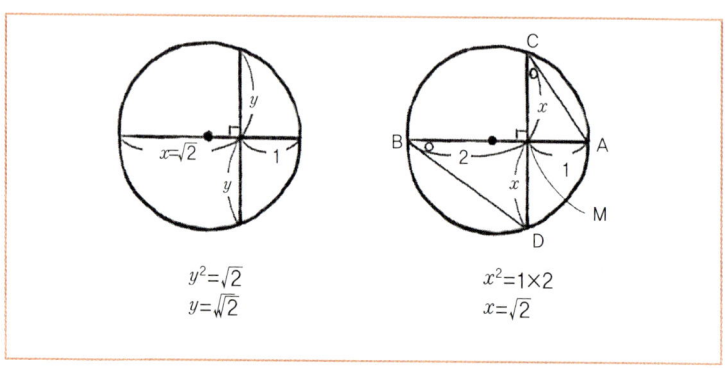

삼각형 AMC와 삼각형 DMB가 닮은꼴이므로

$1 : x = x : 2$

여기에서부터 $x^2 = 2$, $x = \sqrt{2}$를 얻는다. 이렇게 얻은 $\sqrt{2}$를 이용하여 작도하면 마찬가지로

$1 : y = y : x$다.

$y^2 = x$

$y = \sqrt{x} = \sqrt{\sqrt{2}}$

이로써 $\sqrt[4]{2}$를 작도할 수 있다.

5. 역사에 남을 가우스의 대발견

복소수의 세계는 완전무결한 세계이다

정17각형의 작도법 발견을 계기로 본격적인 수학자의 길로 들어선 가우스는 3년 뒤인 1799년에 역사에 남을 위대한 발견을 했다. 그것은 나중에 '대수학의 기본정리'로 불리게 되었다. 무엇인가 하면 '복소수의 세계에서는 어떠한 n차 방정식의 해도 구할 수 있다'는 정리다.

계수가 유리수인 방정식 $x^2-2=0$은 유리수의 범위에서는 해를 구할 수 없다. $\sqrt{2}$를 포함한 실수의 세계로 영역을 넓혀가지 않으면 해를 구할 수 없다. 그러나 범위를 실수의 세계로 넓혀도 방정식 $x^2+3=0$의 해는 구할 수 없다. 허수 i를 포함한 복소수의 세계로 수의 범위를 넓혀야 한다.

그럼 이것으로 수의 세계는 끝나는 것일까. 그렇다. 실수만이 아니라 복소수를 계수로 갖는 n차 방정식은 차수 n의 크기와 상관없이 모두 복소수 안에서 해를 갖는다. 이 정리에 의해 'n차 방정식은 복소수의 세계에서 중복되는 것까지 계산하면 반드시 n개의 해를 갖는다'는 매우 획기적인 사실이 유도되었다.

실수 해만을 다룰 때는 n차 방정식의 경우 해가 없거나 하나뿐이지만 복소수까지 확대하면 차수와 같은 개수만큼 해가 존재한다. 즉 복소수의 세계는 모든 대수방정식의 해가 존재하는 완전무결한 세계인 것이다.

수학에 허수라는 허구가 필요한 가장 큰 이유가 여기에 있다. 수학의 여러 분야에서는 대수방정식을 풀어야 할 경우가 많다. 이때 연구 대상이 실수 범위에 한정되어 있다 하더라도 일단 복소수의 세계까지 범위를 확대하여 모든 해를 빠짐없이 구해서 그 속성을 파악해두는 것이 좋다. 일부만 보는 것보다 전체 상을 깨끗하게 파

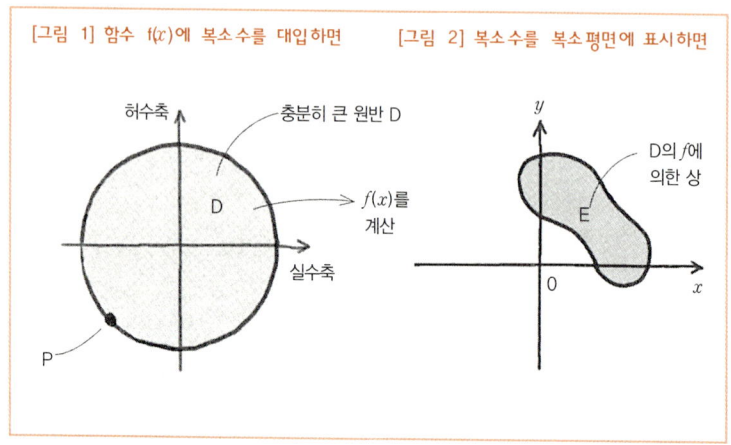

악하는 것이 연구에 유리하기 때문이다. 그래서 가우스 이후의 수학자들은 우리의 현실인 실수 세계의 법칙을 드러내고자 할 때도 적극적으로 복소수 세계를 이용하려고 했다. 그럼 이 '대수학의 기본정리'를 증명하는 데 필요한 기본적인 개념을 대략적으로나마 보고 넘어가자.

n차의 다항식은 다음과 같다.

$$f(x) = x^n + a_{n-1}x^{n-1} + a_{n-2}x^{n-2} + \cdots\cdots + a_0$$

이라고 할 때 풀고자 하는 대수방정식은 $f(x)=0$이다. 이제 이 방정식을 만족시키는 복소수(즉, 해)가 하나도 없다고 해보자. 지금 복소수평면 상에 원점을 중심으로 하는 충분히 큰 원반 D를 그리고 이 원반의 원둘레 및 내부의 복소수들을 함수 $f(x)$에 대입해본다 ([그림 1]). 그렇게 해서 나온 복소수들을 복소수평면에 표시해보자. 그것은 [그림 2]와 같은 원점 0를 포함하지 않는 영역 E가 될 것이다.

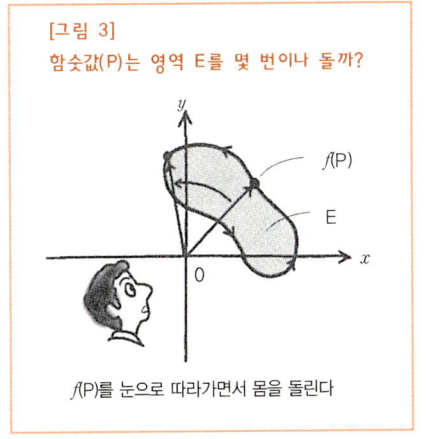

[그림 3]
함숫값(P)는 영역 E를 몇 번이나 돌까?

f(P)를 눈으로 따라가면서 몸을 돌린다

이제 이것을 참고하여 다음과 같이 해본다. 원반 D의 원둘레 위의 점 P 주위로 한 번 회전시켜 본다. 이때 함숫값 $f(P)$는 영역 E의 둘레를 몇 번인가 돌 것이다(〔그림 3〕).

이 $f(P)$의 움직임을 원점에 선 사람이 몸을 비틀지 않고 똑바른 자세로 따라가면 이 사람이 원점 위에서 몇 번이나 돌까. 그것을 '$f(P)$의 D에 관한 회전수'라고 부르자. 영역 E는 원점을 포함하고 있지 않으므로 이 사람은 '오른쪽으로 움직인 뒤 왼쪽으로 돌아오는' 식으로 반복할 것이므로 결국 한 번도 회전하지 않게 된다. 즉 회전수는 0이다.

그런데 이 함수를 다르게 분석해보면 이것과는 반대의 사실을 알 수 있다. 다항식 $f(x) = x^n + \cdots\cdots$에 충분히 큰 원반 D의 원둘레 위의 점(에 대응하는 복소수)을 대입했을 때 그 함숫값은 최고차항인 x^n의 크기에 의해 거의 지배된다. 이때 '$f(x)$의 D에 관한 회전수'는 'x^n의 D에 관한 회전수'와 일치한다고 생각해도 좋을 것이다.

그런데 그렇게 대입했을 때 x^n의 회전수는 0이 아니라 n이다. 이것은 아까의 결과와 모순된다. 그러므로 처음에 가정한 $f(x) = 0$의 해가 하나도 없다는 가정이 잘못된 것임이 밝혀진다.

재미로 풀어보는 복소함수의 회전수

본문의 'x^n의 D에 관한 회전수'를 간단한 예를 들어 확인해보자. $g(x) = x^4$의 경우를 보자. 〔그림 4〕의 반지름이 1인 원둘레 위를 점 P가 한 바퀴 도는 것으로 한다. 우선 1부터 i까지 점 P가 굵은 선으로 그린 원둘레 위를 움직일 때 $g(P)$는 어떤 도형을 그리는

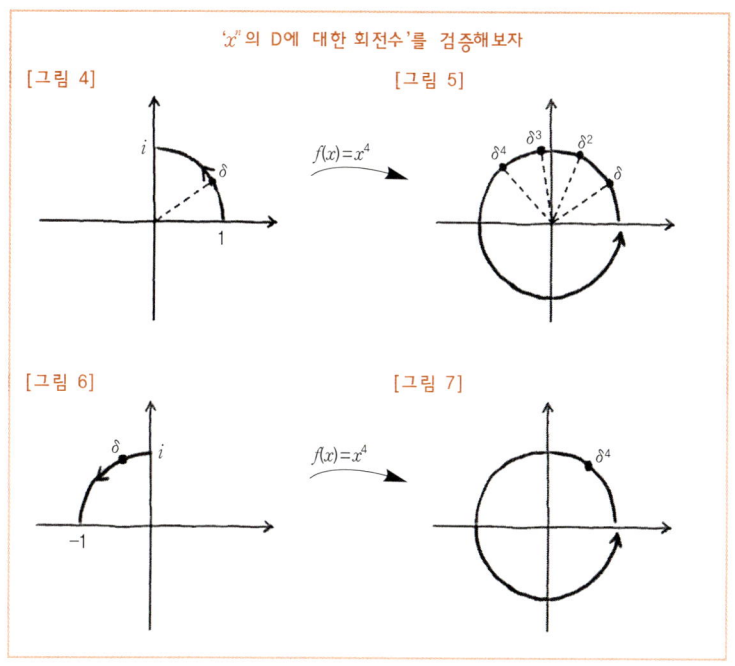

지 답해보라.

그리고 점 P가 i에서 -1까지 원주 위를 움직일 때 $g(P)$가 어떤 도형을 그리는지 답해보라. 이를 바탕으로 점 P가 원주를 한 바퀴 도는 사이에 $g(P)$가 원점의 주위를 몇 번 돌게 되는지 대답할 수 있을 것이다.

문제의 답

[그림 5]의 복소수 δ를 생각해보자. $\delta^4 = 1 \times \delta \times \delta \times \delta \times \delta$는 수 1부터 시작하여 같은 크기의 회전과 확대를 네 번 반복한다. 따라서

δ^4은 〔그림 5〕의 위치에 올 것이다. 그렇다면 〔그림 4〕의 굵은 선 부분의 복소수 z에 대한 $f(z)$는 〔그림 5〕와 같이 원주를 한 바퀴 돈 것과 같다. 〔그림 6〕의 굵은 선 부분에 오는 복소수 z에 대한 $f(z)$도 〔그림 7〕과 같이 원둘레를 한 바퀴 돈 것과 같다. 이와 같이 해나가면 P가 원둘레를 한 바퀴 도는 동안에 $f(\mathrm{P})$는 원둘레를 네 바퀴 돌게 된다는 것을 알 수 있다.

6. 페르마의 대정리가 낳은 수의 이상향

300년 이상 풀지 못했던 수수께끼가 해결됐다!

17세기의 수학자 페르마는 '$x^n + y^n = z^n$은 n이 3 이상일 때 자연수 해를 갖지 않는다'는 유명한 명제를 남겼다. 그때 페르마는 이것을 '증명할 수 있다'는 암시를 남겼지만 실제 증명 과정을 남기지는 않았다. 덕분에 그후 300년 이상 무수한 수학자들이 그것을 증명하는 일에 매달렸다. 그러다가 드디어 1995년에 영국의 수학자 앤드루 와일즈(Andrew Wiles)가 페르마의 예상이 옳다는 증명을 해내고야 말았다. 그리하여 오늘날 이 명제는 '페르마의 대정리'라고 정정당당하게 불릴 수 있게 되었다. 실로 경사스런 일이다.

수학은 이 페르마의 대정리를 증명하고자 노력하는 과정에서 몇 번의 커다란 진화를 경험했다. 그러한 의미에서 이 정리가 수학에 미친 공헌은 중대하다. 그중 가장 중요한 것이 '이상수(ideal number)'라는, 기존의 복소수보다 한 걸음 더 나아간 허구의 수 세계다.

이 새로운 개념은 역시 오일러와 가우스가 정립한 것이다. 가우스는 페르마의 대정리를 $n=4$인 경우에 대해 증명하기 위해 정수 개념을 복소수 세계 속으로 확대했다. 복소수 $x+yi$에서 x와 y가 정수일 때도 새로운 의미에서 정수라고 정의한 것이다. 이것은 '가우스 정수'로 불리게 되었다. 그리고 이 가우스 정수의 세계에서도 보통의 정수와 비슷한 성질을 정의할 수 있음을 발견했다. 예를 들면 약수나 배수의 관계를 기존의 정수에서와 마찬가지로 정의할 수 있었다. 그렇기 때문에 소수도 정의할 수 있었다. 이것을 가우스 소수(素數)라고 하며 모든 가우스 정수는 이 가우스 소수의 곱으로 분해할 수 있음도 증명되었다.

이와 같이 확장된 정수 세계 '가우스 정수'에서는 보통의 정수 세계에서는 소수였던 것도 더이상 소수가 아니게 되어버린다. 예를 들면 5는 보통의 정수 세계에서는 소수지만 가우스 정수의 세계에서는 $5=(2+i)(2-i)$로 인수분해된다. 여기서 $2+i$와 $2-i$는 가우스 소수다. 가우스는 이처럼 '한 차원 더 높은 소인수분해'를 이용하여 페르마의 대정리를 $n=4$인 경우에 대해 해결할 수 있었다. 즉 페르마의 방정식 $x^4+y^4=z^4$은 가우스 정수의 세계에서 0을 제외하고는 해를 갖지 않음을 증명한 것이다.

가우스 정수는 자연수를 모두 포함하므로 가우스 정수 속에 해가 없다는 것은, 곧 자연수 속에도 해가 없음을 의미했다. 넓은 세계

안에 해가 없는 것을 증명하는 쪽이 좁은 세계 안에 해가 없다는 것을 증명하는 것보다 더 어려울 것 같지만 실제로는 반대였다.

가우스 정수의 세계에서는 z^4-y^4을 인수분해할 때 (z^2+y^2) $(z^2+y)(z-y)$로 끝내는 것이 아니라 $(z+y)(z-y)(z+yi)(z-yi)$로 한 차원 더 깊이 분해할 수 있었기 때문에 증명이 더 쉬운 것이다. 이것은 실로 복소수가 완전무결한 세계인 덕택이었다. 오일러는 페르마의 대정리를 $n=3$인 경우에 대해 증명했는데, 그 역시 마찬가지로 정수의 세계를 $x+yw$(여기서 x, y는 정수이고, w는 $\frac{-1+\sqrt{3}}{2}$)라는 복소수의 세계로 확장한 후(이것을 오일러 정수의 세계라고 부르자) 그 확장된 정수의 세계에서 위의 증명을 해냈다.

오일러 이후에도 대부분의 수학자는 n이 3보다 큰 다른 모든 경우에도 이처럼 복소수로 확장된 정수 세계에서 오일러나 가우스가 사용한 방식과 마찬가지 방식으로 증명할 수 있다고 생각하고 연구를 추진해갔다. 그런데 이 방법의 함정이 드러났다. 그것은 정수를 복소수 속으로 확대 해석하면 소인수분해의 유일성이 보장되지 않는 점이 있다. 가우스나 오일러는 소인수분해의 유일성을 가정했어도 요행히 아무 탈이 없었지만 그것은 우연이었을 뿐이며 그대로 일반화할 수 없음이 드러났다.

그 소인수분해 유일성 가정에 대한 반례는 $x+y\sqrt{-5}(x, y$는 정수) 형태의 복소정수(複素正數, 복소수 속으로 확대 정의된 정수)의 세계에서 간단히 제시할 수 있다. 이 복소정수의 세계에서 6은 2×3으로 인수분해할 수 있고, $(1+\sqrt{-5})(1-\sqrt{-5})$라고도 분해할 수다. 그리고 이 복소정수의 세계에서는 2, 3도 소수지만 $1+\sqrt{-5}$와 $1-\sqrt{-5}$도 다 소수다. 결국 이 세계에서 6의 소인수분해는 두 가지로 존재하는 셈이다.

이것은 매우 난처한 일이었다. 소인수분해의 유일성이 보장되지 않는다는 사실이 밝혀진 이상 가우스 정수나 오일러 정수와 같은 편리한 수를 사용할 수 없게 된 것이다. 이 새로운 장벽을 돌파할 수 있는 실마리를 잡은 수학자가 에른스트 에두아르트 쿠머(Ernst Eduard Kummer)였다. 쿠머는 복소정수보다 더 높은 차원의 수 세계를 구상하여 그 가운데에서 소인수분해의 유일성을 회복했다. 즉 쿠머는 $x+y\sqrt{-5}$(x, y는 정수)라는 수의 세계를 더욱 넓혀서 '이상수(ideal number)'라는 세계를 창조했다. 이 세계에서는 2, 3, $1+\sqrt{-5}$, $1-\sqrt{-5}$도 더이상 소수가 아니다. A, B, C라는 이상수의 소수를 이용하여 $2=A^2$, $3=BC$, $1+\sqrt{-5}=AB$, $1-\sqrt{-5}=AC$로 분해할 수 있기 때문이다. 그런데 이렇게 하면 $2\times3=AABC$이고 $(1+\sqrt{-5})(1-\sqrt{-5})=ABAC$로서 결과적으로 둘 다 같은 분해다. 즉 쿠머는 이상수라는 새로운 수의 세계를 통해 소인수분해의 유일성을 보장한 것이다.

쿠머가 만든 이상수의 세계는 매우 난해했지만 그것을 데데킨트(J. W. R. Dedekind)라는 수학자가 집합론을 이용하여 알기 쉽게 재구성해냈다. 수의 세계가 또하나의 새로운 픽션을 낳은 셈이다. 이렇게 태어난, 복소정수 세계보다도 더욱 확장된 허구의 정수 세계인 '이상수'는 현대수학의 일반적인 방법론이 되었다.

재미로 풀어보는 가우스 정수

가우스 정수 $x+yi$(i는 허수 단위, x와 y는 정수)의 세계에서 13을 가우스 소수의 곱으로 고쳐보라.

문제의 답

가우스 정수는 제곱수의 합과 인연이 깊다. 그것은 다음을 보면 바로 알 수 있다.

$$13 = 3^2 + 2^2 = 3^2 - (2^2)(-1) = 3^2 - (2^2)(i^2) = (3+2i)(3-2i)$$

이것이 13을 가우스 소수로 인수분해한 결과다.

7. 미시세계 물질의 신기한 행동

허수, 드디어 물리학의 세계에 진출하다

지금까지 '허수는 수학에서는 편법, 혹은 픽션'이라고 이야기했다. 그러나 20세기에 들어와 허수를 더이상 허구의 존재라고 말할 수 없게 되었다. 왜냐하면 물리 현상 안에서 허수가 발견되었기 때문이다.

이렇게 말하면 독자 여러분은 허수가 나타나는 물리 현상 같은 건 본 적이 없다고 할지 모르겠다. 그것도 그럴 것이 허수가 관련된 물리 현상은 눈에는 보이지 않는 아주 미세한 세계에만 존재하기 때문이다.

19세기 말 원자라는, 물질의 최소단위 개념이 나타났다. 그것은 현미경으로도 보이지 않는 아주 미세한 물질이다. 이 발견을 계기로 미시세계의 물리법칙에 관한 연구가 왕성하게 진행되었다. 그러

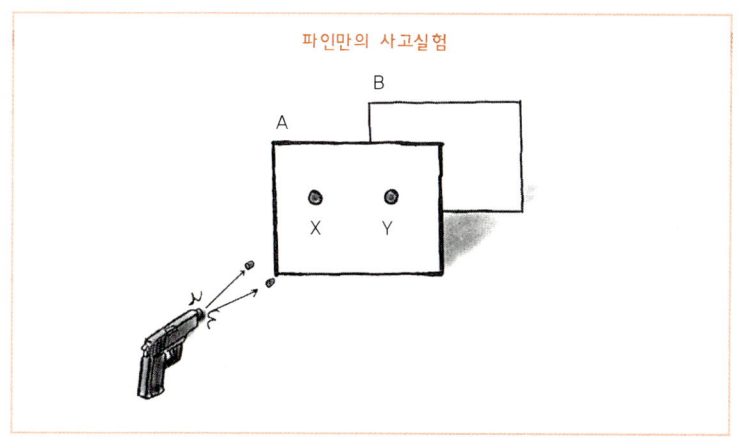

파인만의 사고실험

던 중 정말 기묘한 현상이 나타났다.

그 현상을 발견한 방식 그대로 이해하려면 고도의 물리 지식이 필요하다. 여기서는 노벨상 수상 물리학자 파인만이 생각해낸 사고실험를 소개하는 것으로 끝내자.

우선 평행하게 세워진 두 장의 벽을 준비한다. 벽 A에는 두 개의 구멍이 뚫려 있다. 왼쪽 구멍을 X, 오른쪽 구멍을 Y라고 하자. 벽 A의 뒤에 벽 B가 서 있다.

여기서 우선 다음과 같은 실험을 한다. 벽 A를 향해 기관총을 난사한다. 처음에는 구멍 Y를 막은 채 구멍 X만을 열어놓고 총탄을 난사한다. 이것을 '실험 X'라고 하자. 그리고 탄환이 구멍 X를 통과하여 벽 B의 일정 지점에 부딪친 횟수를 그래프로 표시한다. 그래프는 벽 B의 뒤편에 그리되, 착탄 횟수가 많을수록 오른쪽으로 더 많이 튀어나오게 그린다([그림 1]). 당연히 구멍 X의 바로 뒷부

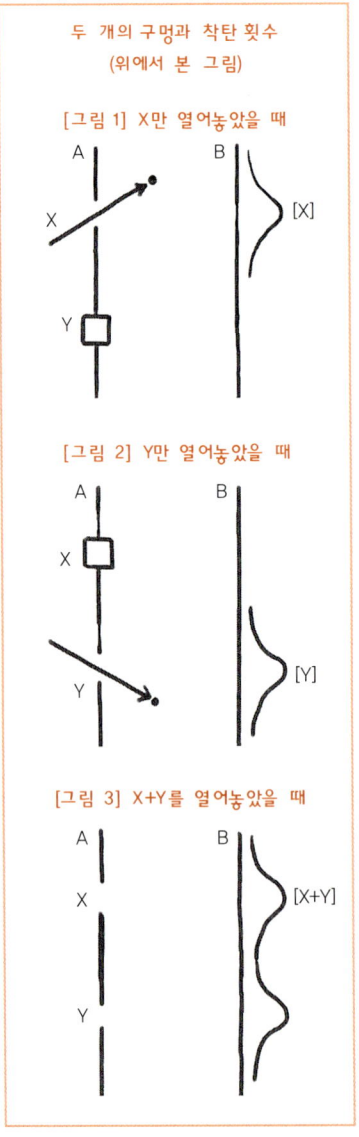

분에 총알이 가장 많이 부딪칠 것이다.

다음으로 이번에는 구멍 X 쪽을 막고 구멍 Y만을 열어놓고 기관총을 난사한다. 이것을 '실험 Y'라고 하자. 착탄 상태를 나타낸 그래프는 [그림 2]와 같이 구멍 Y의 바로 뒷부분에 총알이 가장 많이 부딪치는 것으로 나타날 것이다.

그리고 다음은 양쪽 구멍을 다 열어놓고 기관총을 난사해 보자. 이것을 '실험 X+Y'라고 하자. '실험 X+Y'에서 결과는 [그림 3]과 같이 될 것이다. 그리고 당연히 이것은 '실험 X'와 '실험 Y'의 결과를 합친 꼴이 된다. 탄은 구멍 X를 통과하든지 Y를 통과하든지 어느 한쪽일 것이기 때문이다. 이 사실을 'X' + 'Y' = 'X+Y'라는 기호로 표시하자.

다음 실험은 '파동'을 발사하는 것이다. 파동에는 '바다의 파도'나 '음파', '전파', '광파', '지진' 등 다양한 것이 있는데, 말하자면 뭔가가 진동을 통해 전달되는 현상이다. 여기서 발사하는 '파동'은 '바다의 파도'라고 생각해도 좋고 '음파'라고 생각해도 좋다. 바다의 파도를 상상한다면 파도가 제방(벽 A)의 구멍을 통과하여 항구(벽 B)에 도착하는 식으로 보면 되겠다. 음파라면 스피커에서 나온 음이 벽 A의 구멍을 통하여 벽 B의 어느 곳에서 들을 수 있는 것으로 생각하면 된다.

앞서와 마찬가지 방식으로 '실험 X', '실험 Y', '실험 X+Y'를 실행해본다. 그래프의 내용은 바다의 파도라면 항구의 각 장소에서 파도가 상하로 요동치는 높이를 나타내는 것이라고 보면 될 것이고, 음파라면 음의 세기를 나타낼 것이다. 〔그림 4〕, 〔그림 5〕, 〔그림 6〕은 실험 결과이다.

그림에서 알 수 있듯이 총알을 착탄한 상태와의 결정적인 차이는 '실험 X+Y'의 그래프가 단순히 '실험 X'와 '실험 Y'를 합한 것으로 나타나지 않는다는 점이다. 기호로 쓴다면 'X' + 'Y' ≠ 'X+Y'이다.

'X+Y'의 그래프에 이런 줄무늬 모양이 만들어지는 이유는, 파동에는 '회절'과 '간섭'이라는 독특한 물리 현상이 따르기 때문이다. 'X+Y' 실험에서 파동은 벽 A에 도착하면 구멍 X와 구멍 Y를 통과하면서 두 개로 나뉜다. 그리고 구멍을 통과한 뒤에는 확산되면서 퍼져나가 벽 B를 향해 나아간다. 이것을 '회절'이라고 한다.

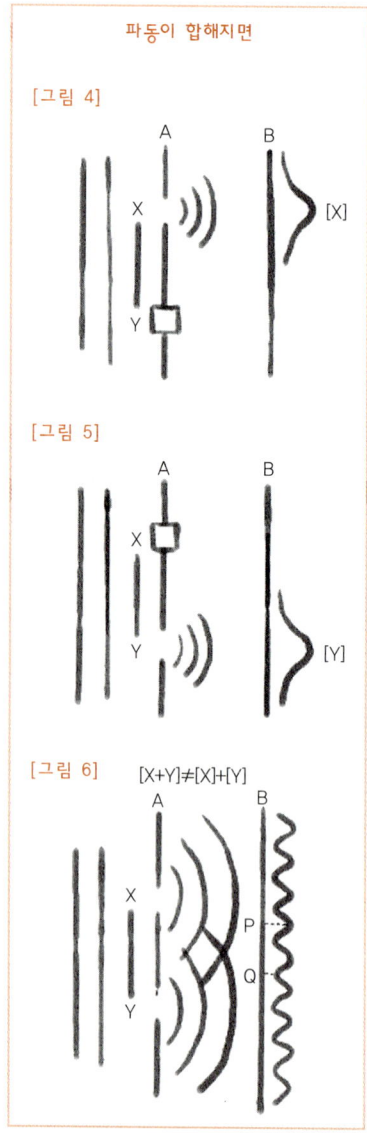

따라서 벽 B의 P에는 구멍 X를 지나온 파동의 일부와 구멍 Y를 지나온 파동의 일부가 동시에 도착하여 합쳐진다. 만약 도착한 파동이 같은 방향으로 진동하여 파동의 산과 산이 합쳐지고 골과 골이 합쳐지면 파동의 진폭은 더 커진다([그림 7]). 바다의 파도라면 큰 파도가 되고 음파라면 소리가 큰 음이 될 것이다.

거꾸로 점 Q와 같이 합쳐진 파동의 진동 방향이 달라 산과 골이 만나는 식이 되면 파동이 약해져 진폭이 줄어든다. 바다의 파도라면 잔물결이고, 음파라면 거의 들리지 않는다([그림 8]). 참고로 소음 제거 헤드폰은 이러한 원리를 이용한 것이다.

이와 같은 현상을 '파동의 간섭'이라고 한다. 이 파동의

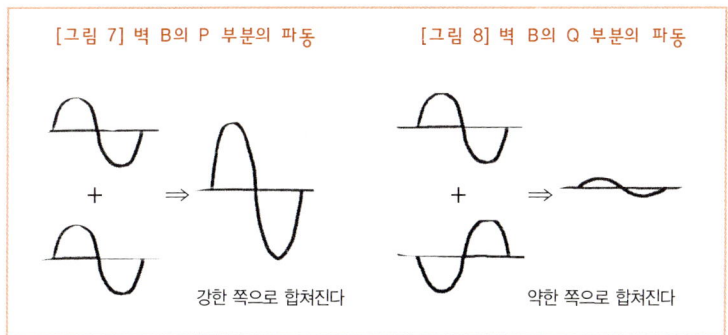

간섭 효과로 'X+Y'의 그래프는 [그림 6]의 줄무늬 모양이 된다. 합쳐지는 파동이 같은 방향으로 진동하느냐, 역방향으로 진동하느냐는 그 만나는 장소가 구멍 X와 구멍 Y에서 각각 얼마나 떨어져 있느냐에 따라 결정된다. P에서는 같은 방향으로 진동한다고 해도 거기서부터 조금 비켜난 Q에서는 구멍에서 떨어진 거리가 각각 달라졌기 때문에 만나는 진동이 서로 역방향이 된다.

전자를 사용한 실험 결과는?

이것으로 물질과 파동은 'X+Y'의 그래프에서 결정적인 차이가 생긴다는 것을 알았다. 그럼 드디어 주인공의 등장이다. 이 실험을 마이크로 물질인 '전자'를 가지고 해보자. 전자는 원자 속에 있는 마이너스 전기를 띤 입자를 말한다. 전류는 바로 이 전자의 흐름을 말하는 것이다. 텔레비전에 화상이 비치는 것은 텔레비전 속에서 발사된 전자가 브라운관에 부딪혀서 빛을 내기 때문이다. 전자는 이처럼 일상생활에서 빼놓을 수 없는 아주 친근한 물질이다.

그럼 전자를 벽 A를 향해 난사하여 벽 B의 브라운관 상에서 빛을 낸 수를 각 장소에서 집계해보자. 그 그래프는 [그림 3]과 [그림 6] 중 과연 어느 쪽 형태를 띨 것인가? 그것은 [그림 6]과 같은 줄무늬 모양으로 나타난다. 즉 전자는 구멍 X와 Y의 뒷부분만이 아니라 벽 B 전체에 걸쳐서 줄무늬 모양을 그리며 부딪쳐온다.

이것은 어찌된 까닭인가? 텔레비전 브라운관의 작동 원리에서 알 수 있듯이 전자는 입자다. 입자이므로 총알과 마찬가지로 한 번에 한 쪽 구멍만을 통과할 텐데 어째서 파동처럼 줄무늬 모양이 생길까? 그렇다면 입자가 두 개로 나뉘어서 두 개의 구멍을 각각 통과하는 걸까?

이 수수께끼를 풀기 위해 다음과 같은 실험을 해보자. 구멍 X와 구멍 Y 가까이에 스캐너를 붙여서 전자의 행동을 감시해본다([그림 9]). 빛을 비추어 반사되어 나오는 빛을 확인하면 전자가 어느 구멍을 통과했는지 확인할 수 있는 장치다. 그렇게 하면 전자가 정말로 양쪽 구멍을 동시에 통과하는지 판명할 수 있을 것이다. 그런데 이 추가 실험의 결과 더 혼란스러워졌다.

우선 발사된 한 개의 전자는 구멍 X나 구멍 Y 중 어느 한쪽밖에 통과하지 않았다. 파동처럼 둘로 나뉘지 않는다. 여기까지는 우리의 상식과 일치한다.

그러나 문제는 그 다음이다. 이와 같이 스캐너를 장치하여 입자의 통과 위치를 확인하면 [그림 6]과 같은 줄무늬 모양이 없어지고

[그림 3]과 같은 'X' + 'Y' = 'X+Y'의 그래프가 출현하는 것이 아닌가.

이거야말로 뒤로 나자빠질 정도로 기묘한 일이다. 사람이 스캐너로 감시하고 있을 때와 그렇지 않을 때, 전자가 마치 그 사실을 아는 듯이 행동을 바꿔 버리는 것이다.

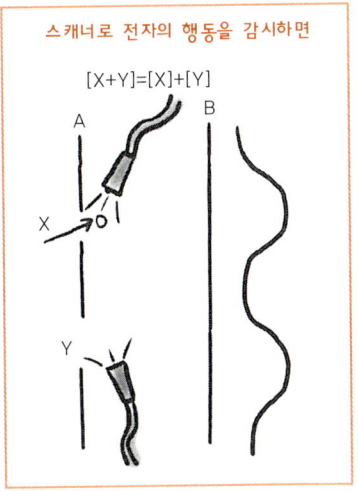

전자는 닌자와 같은 분신술을 사용한다

이 엉뚱하고 불가사의한 물리 현상을 처음으로 설득력 있게 설명한 사람이 막스 보른(Max Born, 1882~1970)이라는 물리학자다. 그런데 그 설명 또한 전자의 행동처럼 막상막하로 엉뚱했다. 그의 관심은 발사된 한 개의 전자가 '파동같이' 진행하다가 분열하고 간섭하는 까닭을 모순 없이 설명해내는 것이었다.

여기서 잠깐! 가네코 슈스케 감독의 〈가메라 2〉라는 명작 괴수영화가 생각난다. 이 영화에는 레기온이라는 괴수가 등장한다. 이 레기온은 비행할 때 무수한 새끼 레기온으로 분열하여 무리를 이루어 비행한다. 그리고 목적지에 도착하면 다시 합체하여 한 마리의 커다란 레기온이 된다. 비행하는 전자의 이미지는 레기온과 닮았다. 전자는 비행 중에 더 작은 입자로 분해된다. 그리고 두 가닥으로 나뉘어서 두 개의 구멍을 통과한 후 벽 B에 도달하면 합류하여 하나의 전자로 돌아온다.

보른의 설명이 이와 비슷하다. 매우 독특한 설명이긴 하지만 여러 가지로 괴롭다. 우선 전자는 물질의 최소단위이므로 그것이 더 잘게 나뉘어진다는 것은 상상하기 힘들다. 실제로 두 개로 나뉜 전자는 아무도 확인한 일이 없다. 나아가서 이 발상은 추가 실험과도 전혀 앞뒤가 맞지 않는다. 스캐너를 장치하여 몰래 지켜보는 실험에서 전자는 하나의 입자처럼 행동했기 때문이다.

물리학자 보른은 이러한 모순을 해소하기 위해 전자 자체가 분열하여 파동처럼 바뀌는 것이 아니라, 전자가 공간의 어느 장소에 있는지가 불확정해져서 그 존재 확률이 파동의 성질을 갖게 되는 것은 아닐까 하고 생각했다.

이 모습을 상상하려면 닌자의 기술을 생각해보면 좋을 것 같다. 애니메이션에 나오는 분신술(分身術) 말이다. 닌자가 분신을 하면 같은 사람이 여러 명 있는 것 같지만 진짜는 그중 한 사람뿐이고 다른 것은 환영이다. 보른의 설명에 따르면 전자는 마치 이 분신술을 사용하고 있는 것과 같다. 즉 발사된 전자의 위치는 '확률 현상'이 되어, 어느 순간에 전자가 어디를 비행하고 있는지는 확률적으로밖에 결정되지 않는다.

예를 들면 전자가 벽 A에 도착했을 때는 구멍 X를 통과할지 구멍

Y를 통과할지는 불확정적이며 이 순간에 전자는 확률적인 분신을 하여 구멍 X에도 구멍 Y에도 각각 확률 2분의 1로 존재할 수 있게 되는 것이다.

보른은 이러한 생각을 더 진행시켜 '각 장소에 존재할 확률'이 파동과 같은 주기성을 갖는다고 생각해보았다. 이렇게 해석하면 줄무늬 모양이 만들어지는 것도 설명할 수 있다. 보른의 설명을 대충 간략하게 정리하자면 다음과 같다.

전자가 벽 A에 도달한 순간 두 개의 룰렛 X와 Y가 따로따로 돌기 시작한다고 상상해보자. 확률적으로 분신하는 기술을 사용한 전자가 각각의 구멍을 통과하여 벽 B로 나아가면 그것에 맞추어 두 개의 룰렛에서 구슬이 주기적 원운동을 한다. 0, 1, 2, 3……36, 0, 1, 2, 3……36……이런 식으로 말이다. 그리고 전자가 벽 B의 일정 장소에 도달한 순간 두 개의 룰렛이 멈추고 두 개의 숫자가 결정된다. 그 숫자를 합한 것이 전자가 그 장소에 올 가능성의 크기, 즉 확률이며, 그것이 그래프 'X+Y'의 높이로 표시된다.

장소에 따라서는 36과 36이 합쳐져서 72라는 기다란 값이 되고 또 어떤 장소에서는 0과 0이 합쳐서 0이 되어 전자가 전혀 도달하지 않는 일도 있다. 이것이 줄무늬 모양이 만들어지는 메커니즘이라는 것이다.

보른의 생각을 '확률해석'이라고 하는데 이것은 물리학자들 사이에서 논쟁을 불러일으켰다. 그도 그럴 것이 '물질의 위치가 확률적으로밖에 기술되지 않고 더구나 그 확률이 결합하여 별개의 존재

분신술 = 확률 현상

확률을 낳는다'는 사고방식은 그때까지의 자연관과는 너무 달랐기 때문이다. 그러나 전자의 기묘한 행위는 이와 같은 설명밖에는 달리 설명할 도리가 없다.

스캐너를 장착한 추가 실험 결과는 이렇게 해석하면 된다. 벽 A에서 두 개의 가능성으로 나뉜 전자를 스캐너로 조사하는 것은 뽑은 복권이 당첨되었는지 아닌지를 보는 것과 같다. 보지 않은 채 벽 B까지 가게 놓아두었다면 룰렛의 숫자가 섞여 줄무늬 모양을 만드는데, 도중에서 뽑는 것을 보면 전자의 위치는 구멍 X나 구멍 Y, 어느 쪽인가로 결정되며 더이상 두 장소로 분신한 상태가 아니게 되는 것이다. 이것은 전자가 하나의 탄환처럼 행동하는 것과 동일하다. 따라서 줄무늬 모양이 사라지고 대신에 탄환의 법칙이 나타난다.

이와 같은 보른의 사고방식은 전자의 행위를 일관성 있게 설명해 주기 때문에 점차 새로운 자연관, 새로운 물질관으로 받아들여지게 되었다.

재미로 풀어보는 확률해석

스캐너를 장치한 실험은 빛과 전자의 산란을 확인하고자 한 것이다. 그러므로 이 실험에서 줄무늬 모양이 사라지는 것은 빛이 전자에 닿을 때 전자의 운동에 뭔가 직접적인 영향을 미치기 때문이라고 생각할 수 있다. 그런데 정말 그럴까?

이것을 확인하려면 다음과 같은 사고실험을 하면 된다. 스캐너를 구멍 X가 있는 곳에만 장착하여 '구멍 X를 통하지 않았을' 때만 벽 B의 전자가 오는 장소를 세는 것이다. 만약에 줄무늬 모양이 사라지는 것이 전자에 빛이 닿기 때문이라면 빛이 닿지 않은 전자만을 벽 B에 모으면 줄무늬 모양을 만들 것이다. 자, 이와 같은 실험을 했을 때 줄무늬 모양은 나타날까, 사라질까?

문제의 답

줄무늬 모양은 사라진다. 전자에 빛이 닿지 않더라도 '닿지 않았다'는 사실로 인해 그 전자가 구멍 Y를 통과한 것이 확정된다. 복권이 당첨된 복권과 꽝이 된 복권 두 장밖에 없다면 한쪽이 탈락이라는 것을 확인하는 순간 다른 하나는 당첨됐다는 것을 아는 것과 마찬가지다. 즉 전자의 확률적인 분신은 없어진다. 따라서 간섭은 일어나지 않고 줄무늬 모양은 생기지 않는다.

빛은 전자에 직접 접촉하지 않더라도 간접적인 영향을 미친다는 이야기다. 이것은 매우 기묘한 일이지만 전자는 빛을 목격하지 않아도 빛의 존재를 간파한다.

8. 마이크로 세계의 확률은 복소수로 기술된다

슈뢰딩거가 생각한 획기적인 방정식

그럼 드디어 확률해석을 수학적으로 자세히 설명해보기로 하자. 슈뢰딩거는 보른의 생각과 일치하는 방정식을 발견했다. 그것을 슈뢰딩거 방정식이라 부른다. 슈뢰딩거의 방정식에 따르면 마이크로 물질의 운동은 '그 장소에 존재한다' 라든지 '운동량이 얼마다' 등을 확률적으로밖에 기술할 수 없다. 뉴턴의 결정론적인 세계관과의 결별인 셈이다.

한마디로 슈뢰딩거 방정식은 물질의 위치나 속도에 관한 '확률'을 산출하는 방정식인데, 흥미로운 점은 이 방정식은 복소수를 해로 갖는다는 것이다. 그의 방정식이 그동안 발견된 다양한 현상들을 설명하는 데 탁월한 능력을 발휘하면서 이후 마이크로 세계의 운동은 모두 복소수를 이용하여 기술하게 되었다. 결국 허구의 수인 복소수가 현실 세계에서 현실성을 획득하기에 이른 것이다. 복소수가 우리의 일상 자체를 지배하고 있다니 놀라운 일 아닌가! 19세기 이전의 수학자들이 이 사실을 알았다면 눈을 동그랗게 떴을 것이다.

슈뢰딩거 방정식 자체를 자세히 설명하는 것은 이 책의 수준을 넘는 것이므로 매우 단순한 모델을 소개할 수밖에 없는 점을 양해해주기 바란다. 그러나 이 모델은 나름대로 슈뢰딩거 방정식의 본질을 짚는 데는 손색이 없다.

벽을 향해 발사한 전자가 x축 위를 비행한다고 치자. 일정 시각 t_1에 그 순간을 순간포착한다. 이때 전자는 [그림 1]의 P, Q, R, S의 네 곳 중 어딘가에 있다. 그러나 정확히 어디에 있는지는 결정되어 있지 않다. 결정되어 있는 것은 각각의 장소에 있을 확률뿐이다.

이것은 "어딘가에 있지만 어디에 있는지를 관측자는 모른다"는

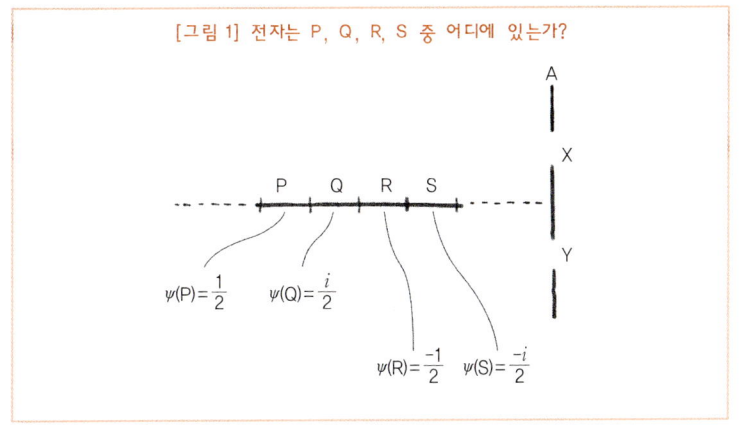

'정보의 결여'를 의미하는 확률이 아니다. 그것이 아니라 '어디에 있는지는 미래에 결정된다'는 의미의 확률이다. 매우 오묘하게 들리는 말일지 모르겠지만 물리법칙이기 때문에 받아들일 수밖에 없다. 자, 지금 "확률이 결정되어 있다"고 했는데 정확히 말하면 정해져 있는 것은 확률이 아니라 '파동함수 ψ ('파이'라고 읽는다)라고 불리는 수량이다. 네 장소 P, Q, R, S에 대해 파동함수의 값 $\psi(P)$, $\psi(Q)$, $\psi(R)$, $\psi(S)$라는 것이 정해져 있는 것이다. 이것은 일반적으로 복소수로 표시한다. 이 모델에서 파동함수의 값은 다음과 같이 설정한다.

$$\psi(P) = \frac{1}{2}, \ \psi(Q) = \frac{i}{2}, \ \psi(R) = -\frac{1}{2}, \ \psi(S) = -\frac{i}{2}$$

그리고 각 위치의 존재확률은 이 복소수 값이 '원점에서 떨어져 있는 거리를 제곱'한 값이라는 것이 알려져 있다. 지금의 경우에는 전자가 네 장소 P, Q, R, S 각각에 존재할 확률을 P(P), P(Q), P(R), P(S)라고 표시한다면 [그림 2]에서 알 수 있듯 그 확률은 다음과 같다.

$$P(P) = \frac{1}{4}, \ P(Q) = \frac{1}{4}, \ P(R) = \frac{1}{4}, \ P(S) = \frac{1}{4}$$

이와 같이 전자는 네 장소 P, Q, R, S에 각각 똑같은 확률로 존재한다. 더구나 파동함수를 보면 전자가 파동처럼 물결 모양으로 흔

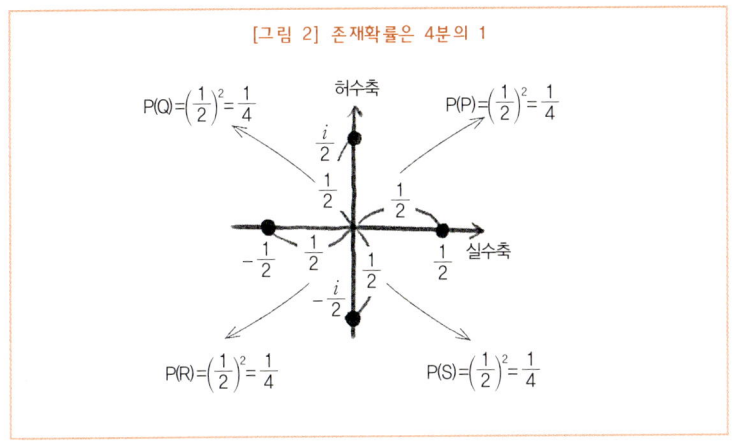

[그림 2] 존재확률은 4분의 1

들리고 있음을 알 수 있다. 다만 그것은 본래의 파동에서 보이는 '산', '골'의 모양이 아니라 복소수의 물결침이다.

사실을 말하면 실제로는 네 개의 장소에만 존재하는 것이 아니라 [그림 3]과 같이 선분 UV 사이의 어느 장소에나 존재할 수 있다. 분신술을 사용하여 모든 장소에 똑같은 확률로 존재한다는 것이 올바른 파악이다. 여기서는 단지 알기 쉽게 네 개의 장소만 이야기한 것이다.

이와 같이 선분 UV 위의 온갖 곳에 존재한다는 것을 표현하려면 앞에서 해설한 복소수평면 상의 정다각형을 이용하면 된다. 예를 들면 $x^{100}=1$의 방정식의 해인 100개의 복소수를 배치하면 100곳에 존재한다는 것을 표현할 수 있다. 이 정다각형의 변의 수를 무한하게 늘려서 원둘레로 만든 것이 슈뢰딩거 방정식의 진정한 해다.

이제 왜 슈뢰딩거가 복소수의 함수를 해로 갖는 미분방정식을 만

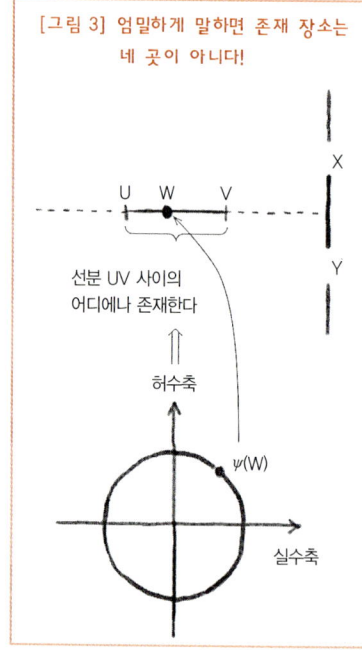

[그림 3] 엄밀하게 말하면 존재 장소는 네 곳이 아니다!

선분 UV 사이의 어디에나 존재한다

들어냈는지 알 수 있을 것이다. '각 장소에 똑같은 확률로 존재한다'는 것과 '파동처럼 물결치고 있다'는 것을 양립시키려면 복소수평면이 안성맞춤이었던 것이다. 원점에서 같은 거리에 있는 장소에 서로 다른 무수한 복소수를 세울 수 있으며, 이들을 회전시키면 파동처럼 주기 운동을 하기 때문이다. 이 슈뢰딩거 방정식은 아인슈타인의 상대성이론과 나란히 20세기가 쌓은 금자탑이다. 슈뢰딩거의 묘비에는 ψ라는 기호가 새겨져 있다.

파동함수를 이용한 실험

그럼 파동함수를 사용하여 전자의 발사 실험에서 줄무늬 모양이 만들어지는 메커니즘을 규명해보자. 원리적으로는 파동의 간섭과 같지만 파동의 '산'과 '골' 대신에 전자의 파동함수가 활약한다. 정확하게 시각 t_2에 벽 A에 도달한 전자는 두 개의 파동으로 나뉘어 구멍 X와 구멍 Y를 통과한다. 이 순간을 순간포착하면 전자는 구멍 X를 빠져나가는 경로 P_1, Q_1, R_1, S_1의 네 곳이나 혹은 구멍 Y를 빠져나가는 경로 P_2, Q_2, R_2, S_2의 네 곳, 모두 여덟 곳의 어딘가에 존재한다([그림 4]).

전자는 그림의 확률 계산으로 알 수 있듯이 구멍 X의 궤도와 구멍 Y의 궤도 모두에 확률 2분의 1로 존재하며 양쪽 구멍을 분신술로 동

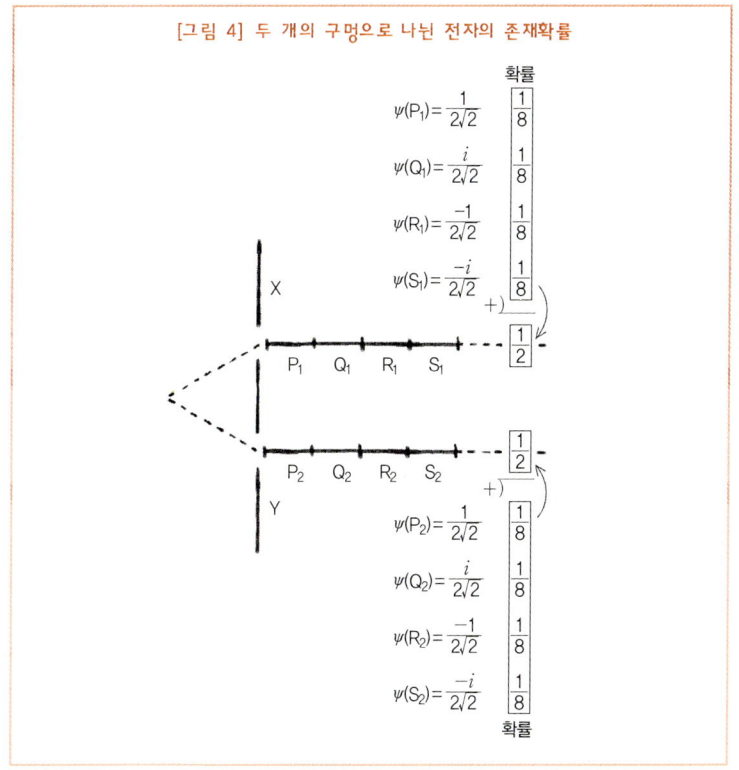

시에 통과한다. 단 어디까지나 확률적으로 하는 얘기다.

다음으로 양쪽 구멍을 통과한 전자의 파동은 회절하여 네 개의 코스를 지나서 벽 B에 도달한다고 하자. 각 파동이 네 개로 분열하므로 파동함수의 값을 모두 2분의 1로 나눈 형태로, 모두 여덟 개의 파동이 나아가고 있는 것이다([그림 5]). 이것을 감안하여 벽 B 위에 다섯 점 H, K, L, M, N에서 구멍 X를 통과한 파동과 구멍 Y를 통과한 파동이 어떤 간섭을 일으키는지 계산해보자. 우선 구멍 X와 구멍 Y에서 정확히 같은 거리에 있는 점 L에서 관측될 확률을 계산

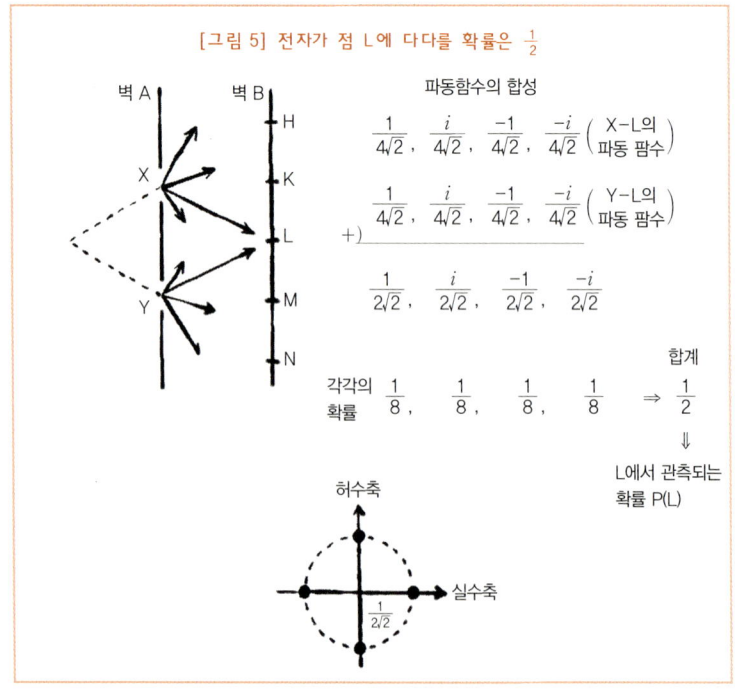

[그림 5] 전자가 점 L에 다다를 확률은 $\frac{1}{2}$

해보자. 구멍 X에서 나온 파동과 구멍 Y에서 나온 파동은 똑같은 형태가 되어 〔그림 5〕와 같이 합성된다. 따라서 전자가 점 L에 다다를 확률 P(L)은 합계한 파동함숫값이 원점에서 떨어져 있는 거리를 제곱하여 합하면 된다. 이것은 $\frac{1}{2}$이다.

다음으로 전자가 점 K에 도달할 확률을 계산하자. K는 구멍 X보다 구멍 Y에서 더 멀기 때문에 도착하는 몇몇 파동은 서로 어긋나게 된다. 〔그림 6〕과 같은 계산으로 P(K) = $\frac{1}{4}$이 된다. 이것을 바라보면 바다의 파도나 음파 등에서 파동의 산이나 골이 강화되거나 약화돼 줄무늬 모양을 만드는 것과 거의 같은 메커니즘으로 확률의

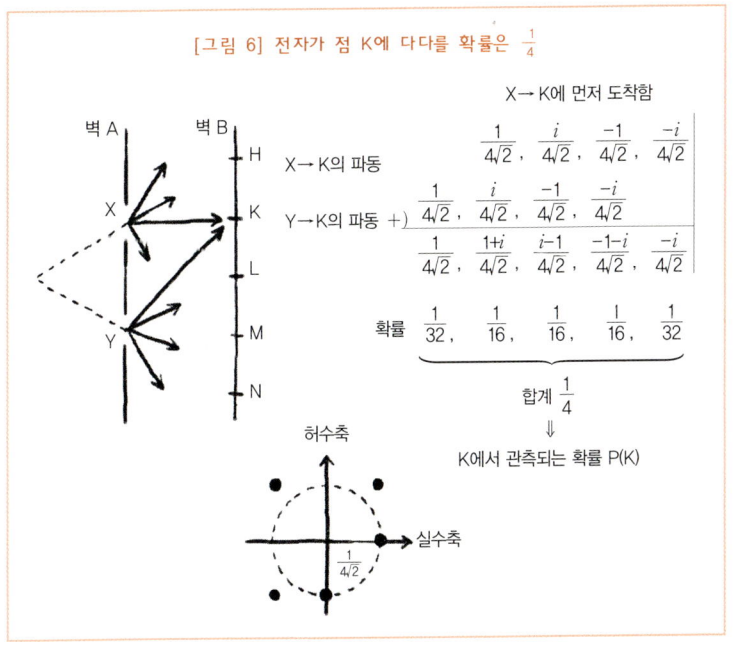

[그림 6] 전자가 점 K에 다다를 확률은 $\frac{1}{4}$

강약이 나타나는 것을 알 수 있다.

  이제 마이크로 물질이 어떻게 움직이는지 좀 알게 되었을 것이다. 운동이 복소수평면 상에 복소수로 표현되고, 원점과의 거리를 제곱한 값이 존재확률이 된다는 엉뚱한 자연도 도출된 셈이다. 자연이라는 것이 얼마나 교묘한 법칙에 따라 흘러가는지, 또 수의 세계는 그것을 얼마나 교묘히 표현하고 있는지 볼수록 감탄스럽다.

퍼즐로 즐기는 마이크로 세계의 복소수

  마이크로 세계가 복소수의 지배를 받고 있는 것은 다른 측면에서도 볼 수 있다. 이른바 '터널 효과'도 그 하나의 예다. 터널 효과는 어떤 벽을 뛰어넘기 위해서는 커다란 에너지가 필요한데 충분한 에너지를 갖지 않은 입자가 어찌된 일인지 그 벽을 뛰어넘어버리는 현상을 말한다. 구체적으로는 알파 입자가 원자핵을 돌파하여 튀어나오는 예 등을 들 수 있다. 원자핵 내에 있는 알파 입자는 원자핵을 탈출할 만큼의 에너지가 없음에도 불구하고 튀어나온다. 어째서일까? 에자키 박사의 다이오드의 원리는 이 터널 효과를 이용한 것이라고 한다.

  터널 효과의 존재를 인정하려면 '물질의 속도가 허수가 된다'는 것을 인정해야 한다. 어째서 그런지 계산해 보도록 하자.

  우선 〔그림 7〕을 보도록 하자. 입자는 산의 왼쪽에서는 속도 v로 운동하고 있다. 가지고 있는 에너지는 $\frac{1}{2}mv^2$이다. 산의 정상에 오

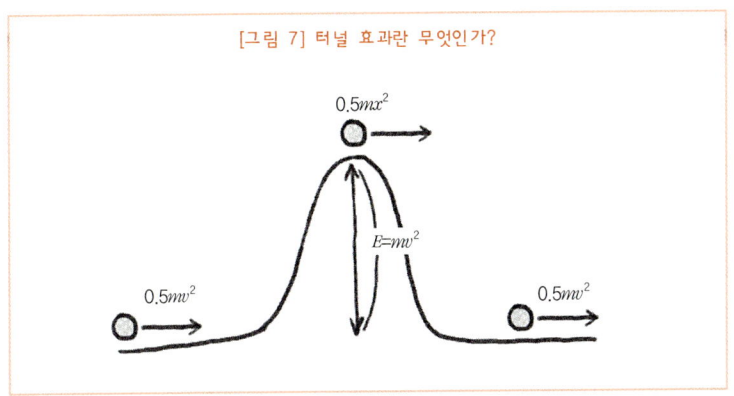

[그림 7] 터널 효과란 무엇인가?

르려면 위치에너지 E만큼의 에너지를 사용해야 하며, 계산을 쉽게 하기 위해 이 에너지를 $E=mv^2$이라고 하자. 입자가 가지고 있는 에너지는 운동에너지인 $\frac{1}{2}mv^2$뿐이며 이것으로는 산을 넘기에는 부족하다.

그런데 어찌된 일인지 다음 순간 입자는 산을 뛰어넘어 오른편에서 속도 v로 운동하고 있다. 터널이 뚫려 있었나? 마치 어떤 숨겨진 터널이라도 있는 것처럼 보인다고 하여 터널 효과라고 한다.

자, 이 입자가 산의 정상을 지날 때의 속도를 x라고 하자. 산의 정상에서 입자가 갖는 에너지는 운동에너지와 위치에너지 E의 합이므로 $0.5mx^2 + E = 0.5mx^2 + mv^2$이다. 그런데 에너지 보존법칙에서 보자면 이것은 산의 왼쪽이나 오른쪽에서 운동하고 있을 때의 입자의 에너지 $0.5mv^2$과 일치해야 한다. 이 등식에서 속도 x를 구할 수 있다. 결과가 어떻게 나올까.

문제의 답

$0.5mx^2 + mv^2 = 0.5\,mv^2$

이항하면,

$0.5mx^2 = -0.5mv^2$

따라서 $x^2 = -v^2$.

이것은 $(\frac{x}{v})^2 = -1$로 변형할 수 있으므로 $\frac{x}{v}$는 허수 i 또는 $-i$가 된다. 즉 산의 정상에서 입자의 속도 x는 복소수가 된다.

9. 꿈의 기술, 양자 컴퓨터

21세기가 지나기 전에 실현 가능한 양자 컴퓨터

　양자역학이라는 마이크로 물질의 운동을 지배하는 역학을 발견한 뒤 그것을 테크놀로지에 응용하는 연구가 계속돼왔다. 그중에서도 주목할 만한 것이 양자 컴퓨터다. 양자 컴퓨터는 마이크로 물질의 상태가 확률적으로 겹쳐져 있는 것을 이용하여 계산 속도의 고속화를 꾀하는 장치다.

　물질의 최소단위인 양자는 물질이자 파동으로 운동하는 기묘한 성질이 있음은 이미 설명했다. 그 파동이란 복소수를 통하여 계산되는 확률이었다. 예를 들어 운동하는 전자는 장소 X에 있는지, Y에 있는지가 정해 있지 않은 확률적인 상태다. 이것은 어느 쪽인가에 분명히 있는데 정보(지식)가 부족하여 알 수 없다는 뜻이 아니라 정말로 어느 쪽에 있는지 정해져 있지 않은 것이다.

비유적으로 말하자면 전자는 '확률적인 구름'과 같이 확산되어 X와 Y 모두에 퍼져나가고 있는 상태다. 이러한 성질을 컴퓨터에 이용하면 하나의 메모리 속에 동시에 다수의 데이터를 써넣고 처리할 수 있다. 기존 컴퓨터의 메모리에는 이진법으로 숫자를 써넣는데, 어디까지나 한 번에 하나의 수만 써넣을 수 있다. 그런데 마이크로 입자인 양자를 이용한 컴퓨터의 메모리에는 확률적인 겹침을 이용하여 두 개의 숫자를 써넣을 수 있다. 전자가 두 개의 구멍을 통과하는 앞의 모델을 다시 떠올리며 이게 무슨 뜻인지를 이해해보자.

발사된 전자가 구멍 X와 구멍 Y를 동시에 통과할 수 있다고 했다. 이때 전자가 구멍 X를 통과한 것을 $|1\rangle$, 구멍 X를 통과하지 않은 것(구멍 Y를 통과한 것)을 $|0\rangle$라고 표시하자. 이것을 메모리의 기록 상태에 대응하자. 앞에서 살펴본 예에서는 구멍 X, 구멍 Y를 통과할 확률은 반반이었으므로 구멍 X의 메모리에는 $|1\rangle$과 $|0\rangle$이 반반의 확률로 기록된다.

여기서 확률이 '복소수로 된 파동함수의 값이 원점에서 떨어진 거리의 제곱'임을 기억해내자. 따라서 각각의 상태를 나타내는 파동함수 값은 $\frac{1}{\sqrt{2}}$과 $\frac{1}{\sqrt{2}}$의 조합이거나 $\frac{1}{\sqrt{2}}$과 $\frac{-1}{\sqrt{2}}$의 조합이거나, $\frac{i}{\sqrt{2}}$, $\frac{-i}{\sqrt{2}}$의 조합 등 여러 가지로 생각할 수 있다. 그것들을 각각 다음과 같이 표현해보자.

$$|X\rangle = (\frac{1}{\sqrt{2}})|1\rangle + (\frac{1}{\sqrt{2}})|0\rangle$$

또는

$$|X\rangle = (\frac{1}{\sqrt{2}})|1\rangle + (\frac{-1}{\sqrt{2}})|0\rangle$$

또는

$$|X\rangle = (\frac{i}{\sqrt{2}})|1\rangle + (\frac{-i}{\sqrt{2}})|0\rangle$$

즉 각 상태에 그 파동함수 값을 계수로 붙여준다. 이 모델에서는 두 개의 구멍을 통과하는 확률을 반반으로 했기 때문에 이와 같이 됐지만 편향을 갖게 하면 계수로 사용되는 복소수는 더 일반적인 형태가 된다.

$$|X\rangle = (0.6i)|1\rangle + (-0.8)|0\rangle$$

위와 같은 상태로 만들면, X라는 메모리에 1이 써져 있을 확률은 0.36, 0이 써져 있을 확률은 0.64가 되는 셈이다. 이 둘은 더해서 1이 되므로 이것은 확률로서 앞뒤가 맞는다. 메모리에 더 큰 비트를 써넣으면 기존 컴퓨터와 양자 컴퓨터 간의 차이점이 더 명확해진다. 예를 들어 양자 컴퓨터의 메모리가 4비트 이상이라고 한다면 다음과 같이 기억시킬 수 있다.

$$|X\rangle = \psi_1|1101\rangle + \psi_2|1000\rangle$$

이것은 메모리 X에 1101이라는 이진수(십진수로는 13)와 1000이라는 이진수(십진수로는 8)가 겹쳐 써져 있는 상태를 나타낸다. 한 번에 한 가지만 기억할 수 있는 기존 컴퓨터와는 크게 다르다. 계수 ψ_1과 ψ_2는 파동함수 값인 복소수다. 복소수와 원점 사이의 거리의 제곱이 존재확률을 나타내며, 전체 확률의 합은 1이어야 하므로 ψ_1과 ψ_2의 원점에서 떨어진 거리의 제곱을 모두 더하면 1이 돼야 한다.

양자 컴퓨터의 메모리에 무엇이 써져 있는지를 알려면 몇 번이고 관측해야 한다. 위에서 그렇게 관측하였을 때 36퍼센트의 빈도로 숫자 1이, 그리고 64퍼센트의 빈도로 숫자 0이 관측될 것이다. 자, 이렇게 메모리에 어떤 정보를 겹쳐서 기억시키는 것의 이점은 도대체 뭘까? 그것은 '병렬 계산을 할 수 있다'는 것이다.

예를 들면 메모리의 숫자에 2를 곱하는 계산을 실행하려 할 때, 이것은 이진수로 말하면 수의 가장 뒷자리에 0을 하나 추가하여 전체적으로 자릿수를 하나 늘리는 조작이다. 이 조작을 메모리 X에 실행하자. 메모리 X에 1101이 써져 있다면 11010이 되고 1000이 써져 있다면 10000이 된다. 그러나 양자 컴퓨터의 메모리 X에는 두 개의 숫자가 확률적으로 겹쳐지므로 조작 후에도 그 결과가 겹쳐 다음과 같을 것이다.

$$|X\rangle = \psi_1|11010\rangle + \psi_2|10000\rangle$$

즉 한 번의 조작으로 두 개의 연산이 실행된다. 메모리에 좀더 많은 수를 겹쳐서 입력해두면 한 번의 조작으로 더 많은 계산을 동시에 실행할 수 있다. 이것은 계산 속도를 기하급수적으로 앞당기게 된다.

양자 컴퓨터의 원리는 아직 검토 중일 뿐 실용 단계는 아니다. 그러나 아마도 21세기가 지나가기 전에 실제로 사용될 가능성이 크다. 그렇게 되면 컴퓨터의 또 다른 혁명이 일어날 것이다.

재미로 풀어보는 양자 컴퓨터

메모리 X에 다음과 같이 3비트의 이진수가 겹쳐 기억된다고 하자. 이 메모리의 수치를 여러 번 관측할 경우 어떤 십진수가 어떤 빈도로 관측될까?

$$|X\rangle = (0.06 + 0.08i)|100\rangle + (0.3 + 0.4i)|101\rangle + (0.4 - 0.3i)|110\rangle + (0.7i)|111\rangle$$

문제의 답

이진수를 십진수로 고치면 다음과 같다.

$100_{(2)} \rightarrow 4,\ 101_{(2)} \rightarrow 5,\ 110_{(2)} \rightarrow 6,\ 111_{(2)} \rightarrow 7$

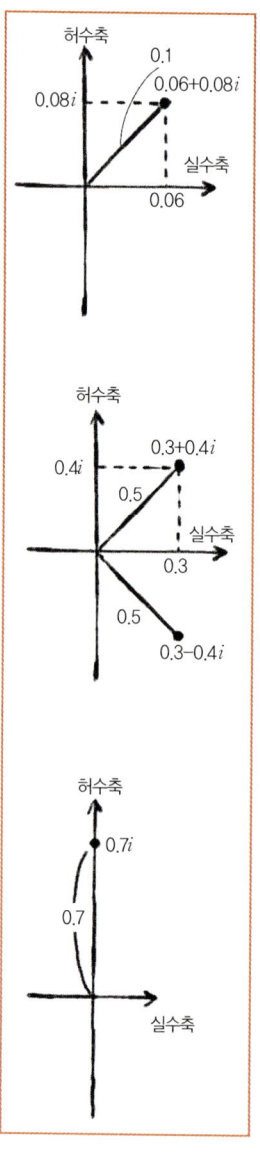

각 계수의 원점에서 떨어진 거리의 제곱은,

$$0.06 + 0.08i \to 0.01,\ 0.3 + 0.4i \to 0.25,$$
$$0.4 - 0.3i \to 0.25,\ 0.7i \to 0.49$$

따라서 이 메모리를 관측하면 1퍼센트의 빈도로 4를, 25퍼센트의 빈도로 5를, 25퍼센트로 6을, 49퍼센트의 빈도로 7을 관측할 수 있다.

10. 양자 컴퓨터는 RSA 암호를 해독한다

수학자 쇼어의 연구

1994년 수학자 피터 쇼어(Peter Shor)가 양자 컴퓨터로 RSA 암호를 풀 수 있다고 주장하면서 양자 컴퓨터의 원리가 돌연 각광을 받았다. 쇼어의 암호 해독법은 단순히 양자 컴퓨터의 연산 속도가 빠른 것에만 의존하는 게 아니라 양자물리학의 기본적인 원리를 응용한 점에서 획기적이었다. 4징을 미치는 이 자리에서 쇼어의 방법을 대략적으로나마 독자들께 알려주고자 한다.

일단 1장의 RSA 암호계에 대한 해설을 다시 한 번 읽기 바란다. RSA 암호가 난공불락의 암호인 까닭은 소인수분해를 재빨리 행하는 알고리즘이 지금 상황에서는 존재하지 않기 때문이다. '두 개의 소수 p와 q의 곱인 커다란 자연수 N이 주어졌을 때 거꾸로 N에서 p와 q를 알아낼 수 있는 빠른 알고리즘은 없다'는 게 현재의 통설이다. 그런데 쇼어는 양자 컴퓨터라면 이것이 가능하다고 이야기했다.

우선 N과 서로소인 정수 x를 가지고 온다. 이 x에 대해서 x^r-1이 N의 배수가 되도록 하는 r을 발견할 수 있다면, N을 소인수분해할 수 있다. 어째서 그런지는 조금 뒤의 문제에서 다루고 이것을 전제로 계속 이야기하면, 쇼어는 이 r을 발견할 수 있는 양자역학적인 방법을 발견했다.

포인트는 복소수평면 상에 정다각형을 형성하는 복소수들을 이용하여 중첩 상태를 만드는 것이다. 그림을 보면서 이해하자. 예를 들면 N = 111을 소인수분해했을 때, 111과 서로소인 정수 10을 가지고 와서 10^r-1이 111의 배수가 되게 하는, 혹은 111로 나누어떨어지는 수가 되게 하는 r을 알고 싶다고 치자. 이때 10^3-1은 999로 111의 배수가 된다. 이제 이 $r=3$을 발견하는 방법을 짜내면 된다.

자, 메모리에 〔그림 1〕과 같은 중첩 상태를 만들자. 여기서 $|a\rangle|c\rangle$라는 것은 메모리 1에 a라는 수치, 메모리 2에 c라는 수치가 기억된 상태다. 지금 〔그림 1〕에서 메모리는 a에는 0에서 7, c에도 0에서 7의 수가 각각 기억되어 전체적으로 64가지 수 중첩 상태로 기억된다. 그 64가지 각각의 확률을 생성하는 파동함수의 값은 복소수 δ_m이라 하자.

δ_m은 〔그림 2〕와 같이 복소수평면 상에 원점을 중심으로 반지름 1인 원을 8등분하는 정팔각형을 형성하는 복소수를 나타내는 기호다. 메모리의 상태 $|a\rangle|c\rangle$의 계수인 δ_m의 번호 m은 곱 ac의 수치

[그림 1] 64개로 중첩된 상태의 메모리

$$\frac{1}{8} \times \begin{bmatrix} \delta_0|0\rangle|0\rangle + \delta_0|0\rangle|1\rangle + \delta_0|0\rangle|2\rangle + \delta_0|0\rangle|3\rangle + \cdots + \delta_0|0\rangle|7\rangle \\ +\delta_0|1\rangle|0\rangle + \delta_1|1\rangle|1\rangle + \delta_2|1\rangle|2\rangle + \delta_3|1\rangle|3\rangle + \cdots + \delta_7|1\rangle|7\rangle \\ +\delta_0|2\rangle|0\rangle + \delta_2|2\rangle|1\rangle + \delta_4|2\rangle|2\rangle + \delta_6|2\rangle|3\rangle + \cdots + \delta_6|2\rangle|7\rangle \\ +\delta_0|3\rangle|0\rangle + \delta_3|3\rangle|1\rangle + \delta_6|3\rangle|2\rangle + \delta_9|3\rangle|3\rangle + \cdots + \delta_5|3\rangle|7\rangle \\ \cdots \quad\quad \cdots \quad\quad \cdots \quad\quad \cdots \\ + \quad\quad\quad\quad\quad\quad\quad\quad\quad\quad\quad\quad\quad \cdots + \delta_1|7\rangle|7\rangle \end{bmatrix}$$

에 해당하는 등분만큼 왼쪽으로 회전하여 멈춘 곳의 번호다. 예를 들면 $a=3$, $c=5$라면 $3 \times 5 = 15$등분을 회전한 후 멈추는 곳이므로 15를 8로 나눈 나머지 7이 번호가 된다. 즉 $|3\rangle|5\rangle$의 계수는 δ_7이다.

자, 이 겹쳐서 기록하는 메모리에 연산을 해보자. $|a\rangle$의 수치를 모두 10^a을 111로 나눈 나머지로 일제히 치환하자. 이때 이 수치는 구하려는 지수 r을 주기로 주기적인 수열이 된다. 왜냐하면 10^r을 111로 나눈 나머지는 1이므로 [그림 3]과 같이 r회 하면 같은 수가 나오는 시스템이다. 그러면 c를 고정한 메모리들에는 같은 상태가 반복해서 나타난다. 예를 들면 $c=0$에 대한 상태는 다음의 8가지다.

$|0\rangle|0\rangle$, $|1\rangle|0\rangle$, $|2\rangle|0\rangle$, $|3\rangle|0\rangle$, $|4\rangle|0\rangle$, $|5\rangle|0\rangle$, $|6\rangle|0\rangle$, $|7\rangle|0\rangle$

이것을 치환하면 다음과 같이 세 종류의 상태가 주기적으로 반복된다.

$|1\rangle|0\rangle$, $|10\rangle|0\rangle$, $|100\rangle|0\rangle$, $|1\rangle|0\rangle$, $|10\rangle|0\rangle$, $|100\rangle|0\rangle$, $|1\rangle|0\rangle$,

이것을 보고 있으면 구하는 $r=3$임을 알 수 있다. 그러나 실제 양자 컴퓨터에서는 중첩 상태의 모습이 그대로 드러나 보이는 것은 아니다. 관측할 때는 하나의 수치만 보이기 때문이다. 그러므로 문제는 어떻게 관측하면 이 주기 수 r을 발견할 수 있느냐다. 그러나

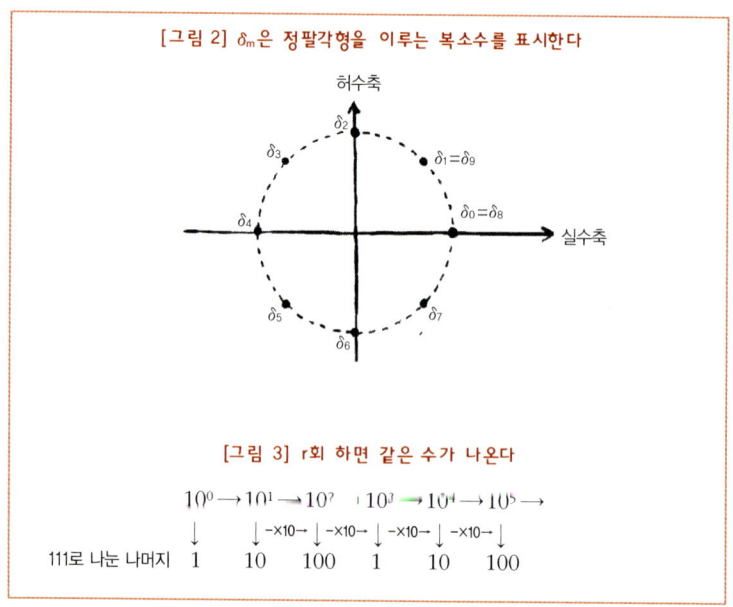

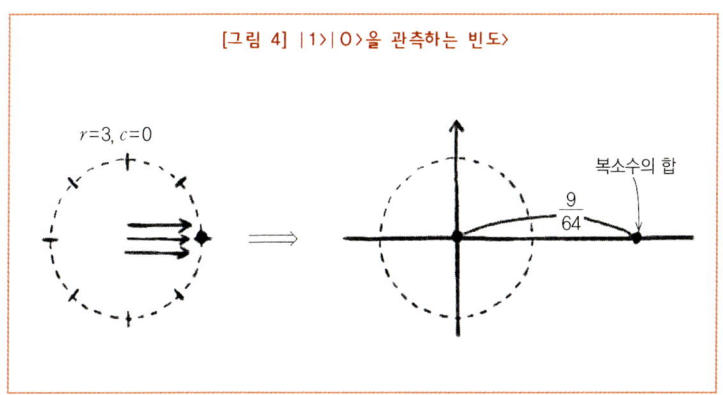

[그림 4] |1⟩|0⟩을 관측하는 빈도⟩

실은 매우 쉽게 r을 발견할 수 있다.

우선 상태 |1⟩|0⟩을 관측하게 되는 빈도를 계산해보자. [그림 4]에서 알 수 있듯이 이 상태는 세 가지고 파동함수 값은 각각 $\frac{\delta_0}{8} = \frac{1}{8}$이다. 따라서 합치면 계수는 $\frac{3}{8}$이므로 이것과 원점과의 거리의 제곱, 즉 $\frac{9}{64}$ 확률로 관측된다. 이것은 꽤 큰 확률이다.

다음으로 상태 |1⟩|1⟩을 관측하는 빈도를 계산해보자. [그림 5]에서 알 수 있듯이 이것도 세 개 있고 계수는 $\frac{\delta_0}{8}, \frac{\delta_3}{8}, \frac{\delta_6}{8}$이다. 그림을 보면 알 수 있듯이 이 세 개의 복소수를 덧셈하면 서로 상쇄되면서 원점과 매우 가까운 복소수가 된다. 즉 |1⟩|1⟩이라는 상태를 관측할 확률은 매우 작다.

이와 같이하여 $c=0, 1, 2, 3$……의 순서로 c를 변화시켜 상태 |1⟩|c⟩의 빈도를 관측해본다([그림 5]~[그림 7]). 이것들을 바라보면 알 수 있듯이 높은 빈도로 관측되는 다음의 c는 $c=3$이다. 이때 계수인 복소수의 합이 원점에서 상당히 멀어진다. 다시 한 번

|1⟩|c⟩의 빈도에 대한 관측

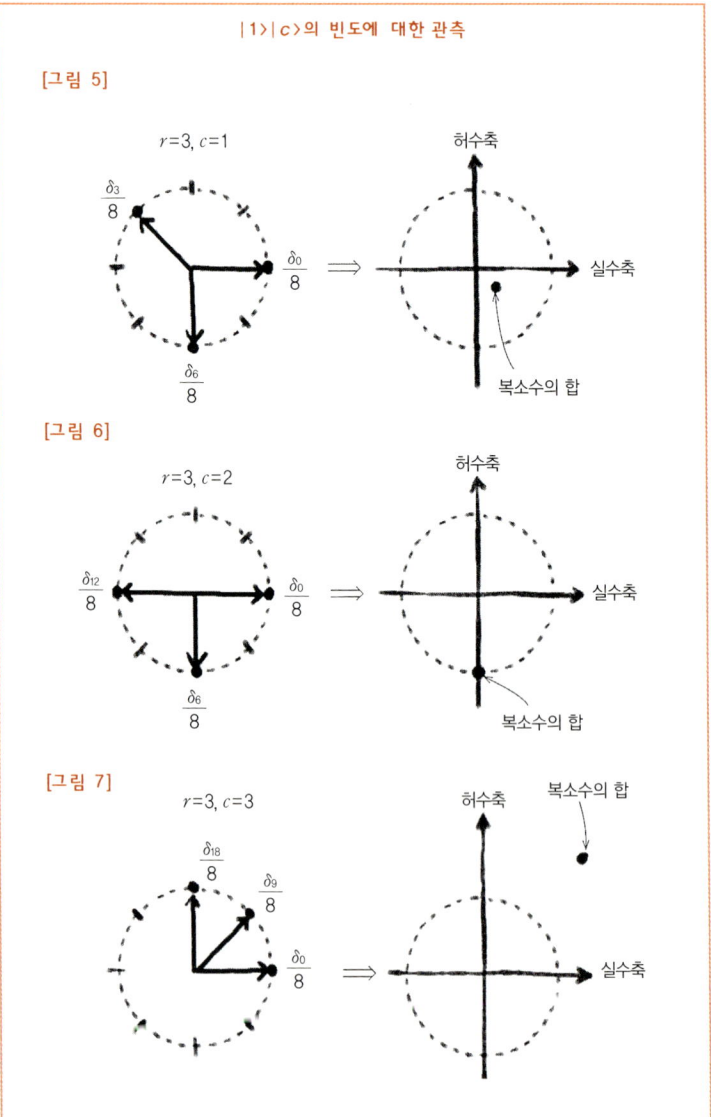

[그림 5] $r=3, c=1$

[그림 6] $r=3, c=2$

[그림 7] $r=3, c=3$

그림을 자세히 보면 계수인 복소수가 $\delta_0 = 1$에 가깝게 모이는 때가 복소수의 합이 원점에서 멀리 떨어져 관측 빈도가 높아진다. 계수가 δ_0, δ_{cr}, δ_{2cr}, δ_{3cr}처럼 번호가 cr씩 늘어나므로 그것은 주기 r과 c의 곱이 정다각형의 꼭짓점의 개수인 8의 배수에 가까울 때 일어나는 것이다. 이때 cr은 0, 8, 16, 24……가 되어 8의 배수에 가깝다. 따라서 $\frac{cr}{8}$은 0, 1, 2, 3……이라는 정수에 가깝다([그림 8]).

따라서 [그림 9]와 같이 $\frac{c}{8}$를 변수로 하여 관측 빈도의 그래프를

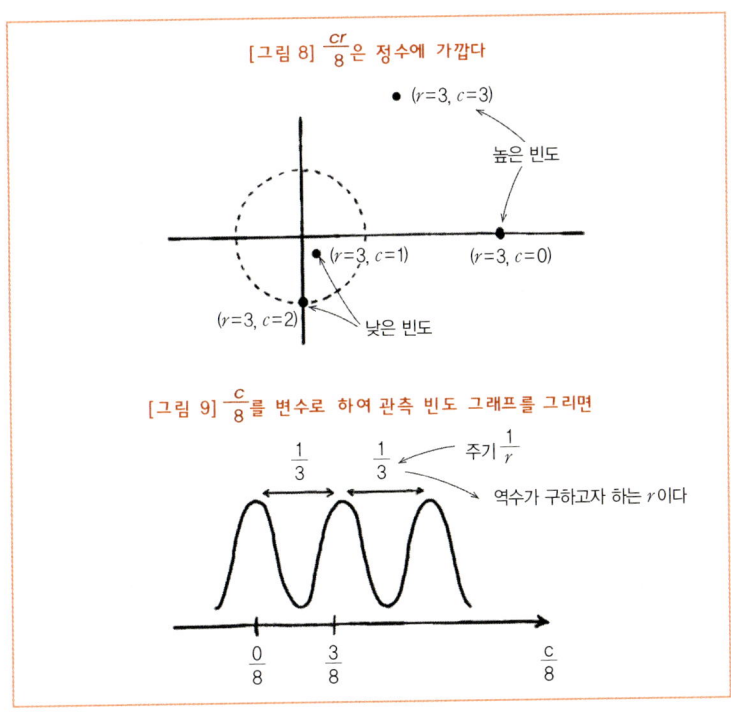

그려가면 관측 빈도가 높아지는 산의 부분은 $\frac{1}{r}$에 매우 가까운 값의 주기를 보여준다. 따라서 이 줄무늬 모양의 그래프에서 원하는 값 r을 구할 수 있다. [그림 9]의 줄무늬 모양은 말하자면 전자 발사 실험에서 나타나는 간섭 무늬와 비슷한 현상이다. 마이크로 세계에서 일어나는 불가사의한 물리 현상이 소인수분해를 가능하게 하고 그것이 암호 해독의 비밀 병기가 되는 것이다. 수의 발전과 인류 지성에는 그저 고개가 숙여지며, 인간으로 태어난 것이 그저 행복할 따름이다.

재미로 풀어보는 암호 해독

N이 두 개의 소수 p와 q의 곱일 때 N에서 p, q를 발견하려면 다음과 같은 정수 x와 짝수 $2m$을 구하면 된다. '$x^{2m}-1$이 N으로 나누어떨어지고, x^m-1과 x^m+1은 N으로 나눠떨어지지 않는다.' 어떻게 이것으로 p와 q를 구하는지 다음의 간단한 예로 설명해보자.

즉 x^2-1이 N = pq로 나누어떨어지고 $(x+1)$과 $(x-1)$은 N으로 나누어떨어지지 않을 때, N의 소인수 p 또는 q를 호제법으로 구할 수 있다. 어째서일까?

문제의 답

x^2-1이 N = pq로 나누어떨어진다. 따라서 다음과 같이 쓸 수 있다.

$$x^2 - 1 = pqk$$

라고 쓸 수 있다.

k는 자연수다. 좌변을 인수분해하면 다음과 같다.

$$(x+1)(x-1) = pqk$$

여기서 소수 p, q가 함께 $(x+1)$의 인수라면 $(x+1)$이 N의 배수가 되므로 그러한 일은 없다.

마찬가지로 소수 p와 q가 함께 $(x-1)$의 인수가 되는 일도 없다. 따라서 $(x+1)$와 $(x-1)$의 한쪽은 소수 p, 다른 한쪽은 소수 q를 인수로 갖고 있다고 해야 한다. 이때는 N과 $(x+1)$과의 호제법을 사용하여 p 또는 q를 구하게 된다.

이 책에 등장하는 수학사에 이름을 남긴 인물들

:: **가우스(Karl Friedrich Gauss, 1777~1855)**
독일의 수학자. 대수학, 해석학, 기하학 등 여러 방면에 걸쳐 뛰어난 업적을 남겼다. 특히 정수에 대한 연구로 널리 알려져 있다. 괴팅겐 대학 재학 시절 정17각형의 작도문제를 해결한 것을 계기로 수학의 길을 걷게 되었다고 한다. 수학적 엄밀성과 완전성을 도입하여 수학이 수리물리학에서 독립된 하나의 순수한 학문으로 발돋움 할 수 있는 계기를 마련했다. 천문학에도 조예가 깊어 1801년에는 소행성 세레스의 궤도를 계산한 공로를 인정받아 괴팅겐 대학 천문대장으로도 활동한 바 있다.

:: **뉴턴(Isaac Newton, 1642~1727)**
영국의 물리학자이자 수학자, 천문학자. 만유인력의 법칙, 분광학, 미적분법은 뉴턴의 3대 연구 성과로 평가된다. 근대이론과학의 선구자로 평가되며 그가 주장한 '자연은 일정한 법칙에 따라 운동하는 복잡하고 거대한 기계'라는 역학적 자연관은 18세기 계몽사상의 발전에 커다란 영향을 주었다. 주요 저서로는 『광학』(1704), 『자연철학의 수학적 원리(프린키피아)』(1687) 등이 있다.

:: **다니엘 베르누이(Daniel Bernoulli, 1700~1782)**
다수의 수학자를 배출한 스위스 베르누이 가문의 한 사람. 오일러의 친구이기도 하다. 주요저서인 『유체역학』(1738)에서 '베르누이의 정리'를 발표하였다. 이를 통해 유체역학을 공식으로 정리하여 연구할 수 있는 토대를 마련하였다. 변분법과 확률론의 확립에도 공헌했다.

:: **라마누잔(Srinivasa Ramanujan, 1887~1920)**
인도의 수학자. 1911년 〈인도수학학회지〉에 첫 논문을 발표하면서 비로소 수학자로서 명성을 얻기 시작했으며 1913년 영국의 수학자 하디(Godfrey Harold Hardy)에게 증명 없이 일련의 정리만 나열해 보낸 논문을 인정받은 덕분에 1914년 영국으로 건너가 케임브리지 대학교 트리니티 칼리지에서 하디의 개인시노를 받으며 함께 연구할 수 있었다고 한다. 인도인으로는 최초로 영국 왕립학회 회원으로도 선출된 바 있다. 소수 분포에 대한 '라마누잔의 예상'으로 유명하다.

:: **라이프니츠**(Gottfried Wilherm von Leibniz, 1646~1716)
독일의 철학자, 수학자, 자연과학자. 미분적분학의 발전에 기여했으며 유리함수의 적분, 간단한 미분방정식의 해법을 완성하였다. 무한소에 사용되는 미분 기호 dx와 적분 기호 ∫을 고안해냈다. 법학자나 정치가로서도 수완을 발휘하여 백과전서의 출판, 아카데미의 설립 등에도 많은 노력을 기울였다.

:: **라플라스**(Pierre Simon Marquis de Laplace, 1749~1827)
프랑스의 천문학자이자 수학자. 확률론 중에서도 특히 해석학 분야에서 업적을 남겼다. 천체역학에 대한 연구로도 유명하다. 1773년 수리론을 이용하여 태양계의 천체운동을 설명하여 태양계의 안정성을 증명하기도 했다. 그의 연구이론을 집대성한 책인 『천체역학』(1825)은 뉴턴의 『프린키피아』에 필적하는 명저로 평가되고 있다.

:: **로렌츠**(Edward Lorentz, 1917~2008)
미국의 기상이론학자. '결정론적 카오스'라는 연구 분야의 개척자로 알려져 있다. 1960년 초기조건을 다양하게 변화시켜 초보적인 컴퓨터 시뮬레이션에 의한 기상모델을 관찰하던 중 기상패턴이 초깃값의 미세한 차이에도 매우 크게 변화한다는 것을 발견했다. 흔히 '나비효과'로 알려져 있는 이 이론은 현재 기상학뿐 아니라 물리학, 생물학, 경제학, 지구과학 등에도 큰 영향을 미치고 있다.

:: **메르센**(Marin Mersenne, 1588~1648)
프랑스의 철학자이자 과학자. 당시에는 여러 나라의 학자들이 서신을 통해 학문적 성과를 교류하곤 했는데, 학술잡지와 같은 매체가 없던 그 당시에 메르센을 중개자로 학자들 간의 교류와 성과보고가 이루어졌다고 한다. 메르센은 특히 소수 분야의 '메르센의 수'로 유명하다. 메르센의 수는, 2의 제곱수에서 1을 뺀 형태로 표현되는 소수로, 현재까지 44개의 메르센의 수가 밝혀졌다.

:: **자코브 베르누이**(Jacob Bernoulli, 1654~1705)
스위스의 수학자. 다수의 수학자를 배출한 베르누이 가문의 최초의 수학자이다. 확률론에서 통계학상 중요한 위치를 갖는 '대수의 법칙'을 발견했으며, '적분(integral)'이라는 용어를 처음으로 사용했다. 해석학을 전개하여 등하강곡선(等

下降曲線)을 발견하기도 했으며, 진자(振子)의 진동중심에 대해 연구 업적도 남겼다. 저서로는 『추론의 예술』(1713) 등이 있다.

:: **베이즈(Thomas Bayes, 1702~1761)**
스코틀랜드 장로교의 목사이자, 확률론 연구가. 조건부 확률에 관한 가장 기본적인 관계식인 '베이즈의 정리'로 알려져 있다. 베이즈의 정리는 확률 계산 시 어떤 사건 이후에 새로운 근거가 제시될 때(정보가 제공될 때) 신뢰값을 어떻게 갱신 또는 정정할 것인가에 대해 판정할 수 있도록 알려준다.

:: **보른(Max Born, 1882~1970)**
독일의 이론물리학자. 파동함수의 통계적인 해석으로 1954년 노벨물리학상을 수상했다. 양자역학의 확률해석으로 큰 업적을 남겼다. 독일 괴팅겐 대학에서 파울리, 하이젠베르크, 오펜하이머, 페르미 등 유수의 물리학자들과 연구를 하며(일명 괴팅겐 그룹) 양자역학과 핵물리학의 발전에 지대한 공헌을 했다.

:: **브라운(Robert Brown, 1773~1858)**
영국의 식물학자. 1827년 물에 떠다니는 꽃가루 입자들의 움직임을 관찰하여 브라운 운동을 발견했다. 당시에는 이 운동의 원인을 화분 특유의 생명력이라고 생각했으나, 이후에 분자운동론과 접목되어 연구됨에 따라 열 운동에 의한 액체 분자와 미소 입자의 충돌이 브라운 운동의 원인임이 밝혀졌다. 브라운 운동은 훗날 원자론의 결정적인 근거가 된다.

:: **아인슈타인(Albert Einstein, 1879~1955)**
미국의 이론물리학자. 대중들에게는 상대성이론의 창시자로 널리 알려져 있다. 유태계 독일인으로 나치가 정권을 잡은 뒤 미국으로 망명하였다. 광양자설, 브라운 운동 이론, 특수상대성이론 등을 연구했다. 특히 특수상대성이론은 기존의 뉴턴과 갈릴레이를 통해 정립된 고전물리학의 역학 체계를 송두리째 흔들어놓았다. 뿐만 아니라 $E=mc^2$이라는 질량과 에너지의 등가성에 대한 발견은 원자폭탄이 가능성을 시사했다. 실제로 제2차 세계대전 당시 미국의 원자폭탄 개발 계획인 맨해튼 계획에 참여했다. 1921년 노벨물리학상을 수상하였다.

::   **알콰리즈미(Al khwarjimi, 780~850)**
아라비아의 수학자. 아라비아식 기수법을 의미하는 '알고리즘'은 그의 이름에서 유래되었다. 그의 저서 『복원과 대비의 계산(알제브랄 무콰발라)』는 대수학(algebra)의 어원이 되었다. 이 책에는 1, 2차 방정식의 해석적 해법이 서술되어 있으며, 2차 방정식의 기하학적인 해법도 함께 적혀 있다.

::   **오일러(Leonhard Euler, 1707~1783)**
스위스의 수학자. 18세기 최고의 수학자라고 알려져 있다. 자코브 베르누이와의 교류를 시작으로 베르누이 가문의 수학자들과 활발한 학문적 교류가 있었다. 시기적으로는 뉴턴 사후부터 본격적으로 수학자로서의 연구를 시작했다고 한다. 당시는 해석기하학이나 미적분학의 개념만 정립되어 있던 상황이었는데, 오일러의 연구를 통해 그 체계가 정립되는 계기를 맞이했다.

::   **위너(Norbert Wiener, 1894~1964)**
미국의 수학자. 확률론에 대한 해석적 연구 분야에서 업적을 남겼다. 브라운 운동의 수학적 모형인 '위너 프로세스'로 유명하다. 특히 그가 주창한 어떤 체계 내의 제어와 통신 문제를 연구하는 학문인 사이버네틱스(cybernetics)는 21세기 들어 컴퓨터 분야와 생명체의 신경계 이론을 접목한 기계 제어시스템의 개발이나 인공두뇌, 사이보그 개발 등에 큰 영향을 미쳤다.

::   **카르다노(Girolamo Cardano, 1501~1576)**
이탈리아의 수학자. 본래 직업은 내과의였으나 131권에 이르는 방대한 저술을 통해 의학과 수학·천문학·물리학 등의 학문분야는 물론이고 동정녀 마리아의 생애, 예수의 별점, 음악과 꿈의 해석, 로마황제 네로의 인간성 등 만사에 정통했다. 가장 큰 업적은 3차 방정식의 해법을 밝혀낸 것이다(일명 '카르다노의 공식'으로 폰타나의 학문적 성과를 가로챈 것이라고도 한다). 도박에 관한 저서인 『운수에 맡기는 승부』는 근대 확률과 통계론의 시초로 꼽는다.

::   **튜링(Alan Mathison Turing, 1912~1954)**
영국의 수학자. 그는 계산기가 어디까지 논리적으로 작동할 수 있는가에 대하여 처음으로 지적인 실험을 시도한 것으로 유명하다. 그 실험의 결과로 1936년 오늘날 컴퓨터의 이론적 원형이라고 할 수 있는 '사고상의 계산기계'를 창안해냈다. 이 기계는 그의 이름을 따라 '튜링기계'라고 부른다.

:: **파스칼**(Blaise Pascal, 1623~1662)
프랑스의 철학자이자 수학자, 물리학자. 독학으로 유클리드 기하학을 깨달았으며, 16세 때 원뿔곡선에 관한 시론을 발표하여 당대 수학자들의 관심을 끌었다. 원뿔곡선론을 비롯하여 확률론, 물리학에서는 유체의 압력에 관한 법칙인 '파스칼의 원리'로 유명하다. 파스칼 사후에 그의 지인들이 1,000여 편에 달하는 단편적인 초고들을 묶어 낸 명상록 『팡세』로 널리 알려져 있다.

:: **파인만**(Richard Phillips Feynman, 1918~1988)
미국의 물리학자. 아인슈타인 이후 최고의 천재로 평가되고 있다. 1965년 양자전자역학의 발전에 기여한 공로로 노벨물리학상을 수상했다. 제2차 세계대전 당시에는 맨해튼 계획(미국의 원자폭탄 개발 계획)에도 참여했다. 빛과 전자의 상호작용을 도식화하는 파인만 다이어그램의 창안자이다.

:: **페르마**(Pierre de Fermat, 1601~1665)
프랑스의 수학자이자 정치가. 법학을 전공했으며 본업은 프랑스 툴루즈 지방의 의원이었다. 수학을 취미로 하는 아마추어 수학자였으나, 워낙에 일군 업적들이 방대하여 19세기 최고의 수학자로 꼽힌다. 해석기하학과 확률론에 큰 업적을 남겼다. 읽고 있던 책의 여백에 써둔 메모는 '페르마의 정리'로 유명하다.

※ **페르마의 정리**
'n이 3 이상인 자연수일 때, $x^n+y^n=z^n$을 만족시키는 정수해는 없다.'는 명제. 350년에 걸쳐 많은 수학자들이 도전을 했는데, 1995년 미국의 앤드루 와이즈가 해결했다. '페르마의 마지막 정리'라고도 부른다.

:: **폰 노이만**(John von Neumann, 1900~1957)
미국의 수학자. 헝가리 출신으로 1930년에 미국으로 건너갔다. 양자역학과 게임이론, 계산기이론 분야에서 많은 업적을 남겼다. 맨해튼 계획에 참여하며 개발한 컴퓨터 중앙처리장치의 내장형 프로그램을 개발했는데, 이때 고안한 방식은 오늘날의 컴퓨터 설계의 기본으로 사용되고 있다.

:: **폰타나**(Nicoló Fontana, 1499~1557)
이탈리아의 수학자. 3차 방정식의 해법을 발견했다. 어린 시절 프랑스 병사에 의해 혀가 잘려 말더듬이가 되어 세간에는 '타르탈리아('말더듬이'라는 뜻의 이탈리아어)'로 알려져 있다. 순전히 독학으로 수학을 공부하여 밀라노 거리에서 상인 등을 대상으로 다양한 수학적 질문들을 풀어주는 것으로 생계를 연명했다고 한다.

:: **푸앵카레**(Jules Henri Poincaré, 1854~1912)
프랑스의 수학자이자 물리학자. 수학에서는 수론, 정수론, 미분방정식, 물리학에서는 천체역학, 상대성이론, 양자론 등을 연구했다. 수학의 난제 중 하나로 알려진 '푸앵카레의 추측'을 제시했다. 푸앵카레의 추측은 위상수학의 명제 중 하나이다. '3차원에서 두 물체가 특정한 성질을 공유하면 두 물체는 같은 것'이라는 주장이다.

:: **피타고라스**(Pythagoras, c.570~496 BCE)
고대 그리스의 철학자이자 수학자. '직각삼각형의 빗변의 제곱은 다른 두 변의 제곱을 합한 것과 같다'는 '피타고라스의 정리'로 유명하다. 만물의 근원을 수로 보았으며, 음악을 수학의 한 분과로 분류하였다. 피타고라스는 우주론, 수학, 자연과학, 그리고 미학을 하나의 매듭으로 묶어 이 세계를 단 하나의 법칙에 지배되는 정돈된 전체로 입증하려 하였다.

:: **하디**(Godfrey Harold Hardy, 1887~1947)
영국의 수학자. 해석적 정수론을 연구했다. 옥스퍼드 대학에서 기하학을 가르쳤으며, 케임브리지 대학에서 순수 수학 교수로 활동했다. 하디는 해석적 정수론에 괄목할 만한 업적을 남겼는데, 특히 가법적 수론에서 오일러법의 개량, 제타 함수에 관한 '리만의 가설'의 연구 등이 유명하다. 그의 저서 『어느 수학자의 변명』은 지금도 많은 사람들에게 읽혀지고 있다.

찾아보기

ㄱ

가우스, 카를 프리드리히 250~251, 253, 260
　~ 소수 260
　~ 정수 261~263
간섭 267
갈릴레이, 갈릴레오 86~87, 180
결정론적 세계관 206
구거법의 원리 47
기수법의 원리 22

ㄴ

나비효과 194
노이만, 요한 루트비히 폰 28, 119
뉴턴 193

ㄷ

대수나선 246~247
대수의 법칙 184
독립사건의 곱셈정리 117, 119

ㄹ

라마누잔, 스리니바사 20~21
라이프니츠, 코트프리트 빌헬름 폰 27
라플라스의 악마 193
랜덤워크 154, 156~157, 182, 186~187, 189~190, 208~209
로렌츠, 에드워드 194
로지스틱 함수 200~201, 204, 214
린들리의 패러독스 121

ㅁ

메르센, 마랭 36, 39
　~ 소수 39, 40~42
모듈 연산 43, 53
무한 순환소수 78
무한급수 164

ㅂ

반복단위수 34~35

105감산(百五減算) 45
베르누이, 다니엘 159
　~ 시프트 214~220, 222
베이즈, 토머스 120, 126
　~ 역확률 120, 126~127, 131
보른, 막스 271~272
복소수 241, 243~245, 248, 250~251, 253~255, 260, 276~279, 284, 294, 297
　~평면(가우스평면) 243~244, 251, 255, 279, 284, 294
복소정수 261~262
분수 63~67, 81~83
　~의 덧셈 68~70
브라운 운동 153~154, 186, 188~190

ㅅ

사고실험 91, 265, 275
소수 31~35
슈뢰딩거, 에어빈 156
　~의 방정식 276~277, 279~280
실수 236
십진법의 벽 17

ㅇ

RSA 암호 49~51, 53~58, 293

아인슈타인, 알베르트 28, 153, 188
알콰리즈미 228~229
양자 287
　~ 컴퓨터 287, 290~291 293
0.7법칙 167
오일러, 레온하르트 37, 160, 260~261
　~의 곱 161
　~의 수 164~165, 174, 178, 262
오차의 법칙 180
완전수 41
'완벽하게 똑같은 두 개' 90~94
원자 264
원주율(파이) 160
위너, 노버트 154
　~ 과정 187
유클리드 호제법 75, 143
유한소수 78
음수 227, 241
이상수 259, 263
이진법 26~28, 77
　~의 소수 78

ㅈ

전자 269~271, 277~278, 280~283, 287~288
정반(丁半) 도박 94~95

제곱근 139, 143, 145
제곱수의 역수 159
제타함수 159~162
조건부 확률 120~125, 129
중심극한정리 183~184
진겁기(책 표시) 43, 45, 53
진자의 주기 145~148

ㅊ
척관법 19
초기 민감성 194, 197
최대공약수 73~75, 143

ㅋ
카르다노, 지롤라모 86, 230~231
카오스 이론 191~192, 195~197, 200, 204, 206

ㅌ
타르탈리아 229~231
터널 효과 284~285
튜링, 앨런 매시선 49

ㅍ
파동 267~268, 270~273, 282~283
파동의 간섭 268~269

파동 함수 278, 280, 282~283, 288~289
파스칼, 블레즈 115, 120
파이 반죽 변환 195~197, 201, 208, 210, 223~224
파이겐바움 상수 203
파인만, 리처드 필립스 20~21, 265
페라리, 루도비코 230~231
페르마, 피에르 드 36~37, 116, 120
　~의 (소)수 37~38
　~의 대정리 161, 259~261
푸아송, 시메옹 드니 176
　~ 분포 177~179
푸앵카레, 쥘 앙리 193~194, 203
피타고라스 139

ㅎ
하디, 고드프리 해럴드 20
허수 228, 235~237, 241, 254, 264
확률 82, 84~85, 98~119, 169~174
　~의 곱셈정리 108, 113
　~해석 273, 276
황금비 139~142

옮긴이 **허명구**
서울대학교 인류학과를 졸업하고 고려대학교 대학원에서 경제학을 공부했다. 월간지 『사람과 일터』 편집주간을 지냈고 현재는 자유기고가로 활동 중이다. 『아빠가 가르쳐주는 알기 쉬운 과학』『물리가 강해지려면』『로지컬 커뮤니케이션 트레이닝』『프라이버시 온더라인』 등을 우리말로 옮겼다.

세상은 수학이다

1판 1쇄 2008년 8월 20일
1판 10쇄 2017년 5월 9일

지은이   고지마 히로유키
옮긴이   허명구
펴낸이   김정순
책임편집 허영수 한아름
펴낸곳   (주)북하우스 퍼블리셔스
출판등록 1997년 9월 23일 제406-2003-055호

주소   04043 서울시 마포구 양화로 12길 16-9 (서교동 북앤드빌딩)
전자메일   henamu@hotmail.com
홈페이지   www.bookhouse.co.kr
전화번호   02-3144-3123
팩스   02-3144-3121

ISBN 978-89-5605-276-2 03410

이 도서의 국립중앙도서관 출판도서목록(CIP)은 e-CIP 홈페이지(http://www.nl.go.kr/cip.php)에서 이용하실 수 있습니다. (CIP제어번호 : CIP2008002179)